Grundkurs
Funktionentheorie

Von Prof. Dr. rer. nat. Gerald Schmieder
Universität Oldenburg

 B.G.Teubner Stuttgart 1993

Prof. Dr. rer. nat. Gerald Schmieder

Geboren 1948 in Bad Pyrmont. Von 1968 bis 1973 Studium der Mathematik und Physik an der Technischen Universität Hannover. Ab 1974 Assistent am Institut für Mathematik der Universität Hannover, Habilitation im Jahre 1982. Von 1986 bis 1989 Lehrstuhlvertreter am Mathematischen Institut der Universität Würzburg. Seit 1990 Professor am Fachbereich Mathematik der Universität Oldenburg.

Die Deutsche Bibliothek – CIP-Einheitsaufnahme

Schmieder, Gerald:
Grundkurs Funktionentheorie / von Gerald Schmieder. –
Stuttgart : Teubner, 1993
 (Teubner Studienbücher : Mathematik)
 ISBN-13: 978-3-519-02093-6   e-ISBN-13: 978-3-322-82964-1
 DOI: 10.1007/ 978-3-322-82964-1

Das Werk einschließlich aller seiner Teile ist urheberrechtlich geschützt. Jede Verwendung außerhalb der engen Grenzen des Urheberrechtsgesetzes ist ohne Zustimmung des Verlages unzulässig und strafbar. Das gilt besonders für Vervielfältigungen, Übersetzungen, Mikroverfilmungen und die Einspeicherung und Verarbeitung in elektronische Systemen.

© B. G. Teubner Stuttgart 1993

Gesamtherstellung: Druckhaus Beltz, Hemsbach/Bergstraße
Einband: Tabea u. Martin Koch, Ostfildern/Stuttgart

Vorwort

Funktionentheorie ist, nach heute üblichem Wortverständnis, das Wissen über Funktionen *einer* komplexwertigen Veränderlichen. Dabei wird der bewährte reelle Differenzierbarkeitsbegriff analog auf Funktionen übertragen, welche die Ebene oder Teile davon in sich selbst abbilden. Überraschenderweise führt das zu vollkommen neuen Erkenntnissen, die den gleichermaßen schönsten wie den wohl auch traditionsreichsten Teil der Analysis ausmachen.

Das vorliegende Lehrbuch ist aus Vorlesungen entstanden, die ich mehrfach in Würzburg und in Oldenburg gehalten habe. Vieles in der vorliegenden Darstellung findet sich auch anderswo so oder zumindest ähnlich, aber sicher nicht alles.
Es wurde bewußt darauf verzichtet, im Text benötigte Grundbausteine der reellen Analysis auszuführen, wie zum Beispiel den Begriff der totalen Differenzierbarkeit. Der Leser möge gegebenenfalls in einem Lehrbuch zur reellen Analysis nachschlagen, etwa in dem von Heuser [6], wo auch Begriffe gefunden werden können, deren Kenntnis hier vorausgesetzt ist.
Dagegen wird sowohl eine Einführung in die später benötigten topologischen Grundlagen (Zusammenhang), wie auch eine solche zur Theorie der reellen Kurvenintegrale hier explizit gegeben, da diese Dinge in den Einführungsvorlesungen oft nicht oder kaum behandelt werden. Für weitergehende Informationen zur Topologie sei exemplarisch auf das Lehrbuch von Cigler/Reichel [5] hingewiesen.
Die Methode des reellen Kurvenintegrals wird hier später (Kapitel 2) zur Konstruktion einer konjugiert harmonischen Funktion herangezogen. Aber auch zur Motivation der Definition des komplexen Kurvenintegrals, dessen Bildung nur eine formale Übertragung aus dem Reellen ins Komplexe darstellt, ist Vertrautheit mit dem reellen Kurvenintegral von Nutzen und dieses ist auch ein wichtiger Grund für die Behandlung im vorbereitenden Kapitel 0.
Dieses Buch ist in erster Linie zum Gebrauch neben Vorlesungen und zum Nacharbeiten einer einführenden Funktionentheorie-Vorlesung gedacht. Bei entsprechender mathematischer Vorbildung dürfte es aber auch zum Selbststudium geeignet sein. Bei der Auswahl des Stoffes habe ich mich bemüht der Versuchung zu widerstehen, allzu viele Dinge zu behandeln und dadurch den angestrebten

Grundcharakter dieses Buches zu gefährden. Es gibt viel Interessantes, was hier nicht zu finden ist, aber, nach der Lektüre sollte es möglich sein, die gängige Funktionentheorie-Literatur selbst lesen zu können.

Die Beschäftigung mit den am Ende der meisten Kapitel gestellten Übungsaufgaben wird jeder Leserin und jedem Leser unbedingt empfohlen. Der Schwierigkeitsgrad dieser Aufgaben ist so gehalten, daß sie nach angemessener Beschäftigung mit der vorangegangenen Theorie zu bewältigen sein sollten.

Die Literaturliste am Ende des Buches erhebt keinen Anspruch auf Vollständigkeit, sondern soll nur Anregungen geben, wo weiterführende oder ergänzende Informationen erhalten werden können.

Die folgenden Kapitel erfüllen dann ihren Zweck, wenn es ihnen die Schönheit der Funktionentheorie zu vermitteln gelingt.

Mein Dank gilt Herrn Martin Sievers für das sorgfältige Korrekturlesen des Skriptes, das diesem Buch vorangegangen ist. Dem Teubner Verlag sei gedankt für die große Geduld und für die gute Zusammenarbeit.

Oldenburg, im Frühjahr 1993   Gerald Schmieder

Inhaltsverzeichnis

0	Vorbereitung	5
	0.1 Zusammenhang	5
	0.2 Reelle Kurvenintegrale	9
1	Die komplexen Zahlen	17
2	Holomorphie und Meromorphie	21
3	Potenzreihen	27
4	Holomorphie und Winkeltreue	31
5	Cauchyscher Satz: konvexe Gebiete	35
6	Konsequenzen der Integralformeln	49
7	Der Cauchysche Integralsatz	57
8	Isolierte Singularitäten	65
9	Umkehrung holomorpher Funktionen	77
10	Folgen und Familien	85
	10.1 Eigenschaften der Grenzfunktion	85
	10.2 Normale Familien	88
11	Interpolationen	95
12	Einfacher Zusammenhang	103
13	Der Riemannsche Abbildungssatz	107
14	Der Approximationssatz von Runge	111
	Literaturverzeichnis	117
	Stichwortverzeichnis	118

Kapitel 0

Vorbereitung

Wir betrachten den euklidischen Raum $\mathbf{R}^N$ für ein $N \in \mathbf{N}$. Später ist nur $N = 2$ von Interesse, aber die Darstellungen in diesem Kapitel sind von N unabhängig und werden deshalb allgemein vorgestellt.

0.1 Zusammenhang

Der in einer einführenden Analysis-Vorlesung häufig vorkommende Zusammenhangsbegriff ist der des Wegzusammenhangs:

Definition 0.1 *Ein Weg in einer Menge $M \subset \mathbf{R}^N$ ist eine stetige Abbildung γ eines kompakten Intervalls $[a,b]$ in M. Der Wert $\gamma(a)$ heißt Anfangs- und $\gamma(b)$ heißt Endpunkt des Weges. Eine Menge $M \subset \mathbf{R}^N$ heißt wegzusammenhängend, wenn zu zwei Punkten $z, w \in M$ stets ein in M verlaufender Weg existiert, der z als Anfangs- und w als Endpunkt hat.*

Als weitergehend wird sich der folgende Zusammenhangsbegriff erweisen, dessen Handhabung durch die in seiner Definition auftauchende Negation allerdings nicht gerade erleichtert wird. Es empfiehlt sich, vorher die sogenannte Spurtopologie auf einer Teilmenge M des $\mathbf{R}^N$ zu vereinbaren: Eine Menge $T \subset M$ heißt offen bzw. abgeschlossen in M, wenn eine (im üblichen euklidischen Sinn) offene bzw. abgeschlossene Teilmenge O bzw. A des $\mathbf{R}^N$ existiert mit $T = O \cap M$ bzw. $T = A \cap M$. Die in M offenen bzw. abgeschlossenen Mengen sind also die Schnitte der im $\mathbf{R}^N$ offenen bzw. abgeschlossenen Mengen mit M.

Die Überlegungen dieses Abschnittes werden hier zwar lediglich für Teile des $\mathbf{R}^N$ vorgestellt, sie gelten jedoch in Wirklichkeit sehr viel allgemeiner (für beliebige topologische Räume).

Wenn M nicht selbst eine offene Teilmenge des $\mathbf{R}^N$ ist, so muß eine in M offene Menge nicht auch im $\mathbf{R}^N$ offen sein, wie einfache Beispiele zeigen. In M sowohl offen als auch abgeschlossen ist stets M selbst und die leere Menge $\emptyset$. Das bzgl. M gebildete Komplement einer in M offenen bzw. abgeschlossenen Teilmenge ist in M abgeschlossen bzw. offen.

Definition 0.2 *Eine Teilmenge M des $\mathbf{R}^N$ heißt topologisch zusammenhängend, wenn es keine zwei nichtleeren, in M offenen Teilmengen U_1, U_2 von M gibt mit $U_1 \cap U_2 = \emptyset$ und $M = U_1 \cup U_2$.*

Als erstes Resultat erhalten wir eine Charakterisierung der topologisch zusammenhängenden Teilmengen des $\mathbf{R}^N$.

Satz 0.1 *Die Menge $M \subset \mathbf{R}^N$ ist genau dann zusammenhängend, wenn außer der leeren Menge und M selbst keine Teilmenge von M in M sowohl offen als auch abgeschlossenen ist.*

Beweis: Es sei $T \subset M$ in M offen und abgeschlossenen, $T \neq \emptyset$ und $T \neq M$. Dann ist $U := M \setminus T$ offen in M, $T \cap U = \emptyset$ und $T \cup U = M$, und damit M nicht topologisch zusammenhängend. Schreibt sich umgekehrt $M = U_1 \cup U_2$ mit U_1, U_2 wie oben, so ist die Menge $T := M \setminus U_1$ gleichermaßen offen und abgeschlossen.
∎

Beispiel: Wir zeigen, daß die in $\mathbf{R}$ topologisch zusammenhängenden Mengen genau die Intervalle sind.
a) Sei ein Intervall $I \subset \mathbf{R}$ gegeben und angenommen, daß eine nichtleere, in I offene und abgeschlossene Menge $T \subset I$ existiert mit $T \neq I$. Dann existiert ein $x \in T$ und ein $y \in I \setminus T$. Es sei gleich $x < y$ angenommen und die Menge $B := \{t \in T | t < y\}$ betrachtet. Da B nach oben beschränkt und nichtleer ist, besitzt B in $\mathbf{R}$ ein Supremum s. Wegen $x \leq s \leq y$ und der Intervalleigenschaft von I folgt $s \in I$. Weiter ist s ein Berührpunkt von B und liegt auch, wegen $s \in I$, in der bzgl. I gebildeten abgeschlossenen Hülle von B (worunter die kleinste, in I abgeschlossene Teilmenge von I verstanden werden soll, die B umfaßt; diese läßt sich auch gleich erhalten als $I \cap \overline{B}$, wobei $\overline{B}$ die Menge der Häufungspunkte von B in $\mathbf{R}$ bezeichnet). Die Inklusion $B \subset T$ überträgt sich auf die bzgl. I gebildeten abgeschlossenen Hüllen, und wegen der Abgeschlossenheit von T in I stimmt T mit seiner bzgl. I gebildeten abgeschlossenen Hülle überein. Daraus folgt nun $s \in T$.
Nach Wahl von s ist, unter Benutzung der Intervalleigenschaft von I, das offene Intervall $]s, y[$ in $I \setminus T$, einer in I abgeschlossenen Menge, enthalten. Damit ist dann auch wieder die bzgl. I gebildete abgeschlossene Hülle von $]s, y[$ in derjenigen von $I \setminus T$ enthalten, die -wegen der Abgeschlossenheit in I- mit $I \setminus T$ übereinstimmt. Da erstere s enthält (wegen $s \in I$), folgt nun $s \in I \setminus T$, im Widerspruch zu $s \in T$.
b) Es sei eine Teilmenge $M \subset \mathbf{R}$ gegeben, die kein Intervall ist. Dann existieren $x, y \in M$ und ein $s \notin M$ mit $x < s < y$. Die Mengen $U_1 := \{t \in \mathbf{R} | t < s\} \cap M$ und $U_2 := \{t \in \mathbf{R} | t > s\} \cap M$ zeigen dann, daß M nicht topologisch zusammenhängt.
Wir können nun zeigen:

Satz 0.2 *Jede wegzusammenhängende Teilmenge $T \subset \mathbf{R}^N$ ist topologisch zusammenhängend.*

0.1. ZUSAMMENHANG

Beweis: Es sei angenommen, die wegzusammenhängende Menge $T \subset \mathbf{R}^N$ hänge nicht auch topologisch zusammen. Durch $T = U_1 \cup U_2$ sei eine entsprechende Zerlegung von T gegeben. Wir wählen ein $x_1 \in U_1$ und ein $x_2 \in U_2$ und dazu einen in T verlaufenden Weg $\gamma : [a, b] \to T$, der diese beiden Punkte verbindet. Die Urbilder $V_1 := \gamma^{-1}(U_1) = \{t \in [0,1] | \gamma(t) \in U_1\}$ und $V_2 = \gamma^{-1}(U_2)$ sind dann aufgrund der Stetigkeit von γ in $[0, 1]$ offen, jeweils nichtleer und zueinander disjunkt. Wegen $U_1 \cup U_2 = T$ gilt auch $V_1 \cup V_2 = [0, 1]$. Wegen des oben bewiesenen Zusammenhangs von Intervallen ist das jedoch nicht möglich. ∎

Von besonderem Interesse sind maximale weg- bzw. topologisch zusammenhängende Teilmengen einer gegebenen Grundmenge $M \subset \mathbf{R}^N$. Diese werden als Wegkomponenten bzw. topologische Zusammenhangskomponenten bezeichnet. Es muß jedoch überlegt werden, daß solche überhaupt existieren. Dazu empfiehlt sich folgende Vorgehensweise:
Zunächst soll gezeigt werden, daß die Vereinigung zweier nicht disjunkter weg- bzw. topologisch zusammenhängender Mengen wieder weg- bzw. topologisch zusammenhängend ist. Für den Wegzusammenhang ist das trivial. Wir geben zwei topologisch zusammenhängende Mengen $X, Y \subset \mathbf{R}^N$ mit $X \cap Y \neq \emptyset$ vor und nehmen an, zu $U := X \cup Y$ gebe es in U offene, nichtleere und paarweise disjunkte Mengen O_1, O_2 mit $U = O_1 \cup O_2$. Die Schnitte $O_j \cap X$ bzw. $O_j \cap Y$ ($j = 1, 2$) ergeben in X bzw. in Y offene Mengen. Wegen des topologischen Zusammenhangs von X bzw. Y können deshalb nicht beide Mengen O_1 und O_2 mit X bzw. Y nichtleeren Schnitt besitzen. Dann kann aber der (nichtleere!) Durchschnitt $X \cap Y$ weder O_1 noch O_2 treffen, im Widerspruch dazu, daß U von O_1, O_2 überdeckt wird.
Nun können wir einsehen, daß die Definition der Komponenten sinnvoll ist: wir betrachten einen festen Punkt a aus der gegebenen Grundmenge M und bilden die Vereinigung aller (weg- bzw. topologisch) zusammenhängenden Teilmengen, die a enthalten. Die Einermenge $\{a\}$ ist offenbar zusammenhängend, also ist diese Vereinigung nichtleer und liefert die jeweilige Komponente.
Daß im allgemeinen $K(x)$ eine echte Teilmenge von $C(x)$ ist, zeigt das folgende
Beispiel: Es sei $A := \{(x, y) \in \mathbf{R}^2 | x > 0 \text{ und } y = \sin\frac{1}{x}\}$ und $B := \{(0, 0)\}$. Die Vereinigung $M = A \cup B$ ist dann topologisch zusammenhängend (Übung!), aber nicht wegzusammenhängend. M besitzt also die beiden Wegkomponenten A und B, aber nur eine einzige topologische Zusammenhangskomponente, sich selbst.

Nun soll der Frage nachgegangen werden, unter welchen Annahmen Gleichheit von Weg- und topologische Komponente gefolgert werden kann. Ein Schlüssel dazu liegt in dem folgenden Begriff:

Definition 0.3 *Eine Menge $M \subset \mathbf{R}^N$ heißt lokal wegzusammenhängend, wenn zu jedem Punkt $x \in M$ und zu jeder in M offenen Menge $U \subset M$ mit $x \in U$ eine in M offene und wegzusammenhängende Menge $V \subset U$ existiert mit $x \in V$.*

Satz 0.3 *Die Wegkomponenten einer lokal wegzusammenhängende Teilmenge M des $\mathbf{R}^N$ sind in M sowohl offen wie abgeschlossen.*

Beweis: Es sei eine lokal wegzusammenhängende Menge $M \subset \mathbf{R}^N$ gegeben.
a) Ist K eine Wegkomponente von M und $x \in K$, so existiert aufgrund der Voraussetzung des lokalen Wegzusammenhangs eine in M offene und wegzusammenhängende Menge, die x enthält. Wegen der Maximalität von K muß diese schon in K enthalten sein. Also ist K eine in M offene Menge (denn die Vereinigung in M offener Mengen ist offenbar wieder in M offen).
b) Es ist M die Vereinigung der Wegkomponenten von M. Da diese paarweise disjunkt sind, ist das Komplement $M \setminus K$ einer festen Wegkomponente K die Vereinigung der übrigen, also als Vereinigung von in M offenen Mengen wieder in M offen und K somit in M abgeschlossen. ∎

Der nächste Satz gibt eine Antwort auf die oben gestellte Frage.

Satz 0.4 *Für eine lokal wegzusammenhängende Menge $M \subset \mathbf{R}^N$ stimmen Wegkomponenten mit den topologischen Zusammenhangskomponenten überein.*

Bemerkung: Umgekehrt muß eine Menge, für welche die Wegkomponenten mit den topologischen Zusammenhangskomponenten übereinstimmen, nicht schon lokal wegzusammenhängend sein. Als Beispiel dafür diene die Vereinigung der $x-$ und $y-$Achse im $\mathbf{R}^2$ mit den Geraden $y = \frac{1}{k}$ ($k \in \mathbf{N}$).

Beweis des Satzes: Es sei M eine lokal wegzusammenhängende Teilmenge des $\mathbf{R}^N$ und ein Punkt $x \in M$ gegeben, der in der Wegkomponente K und in der topologischen Komponente C liege. Da K auch topologisch zusammenhängend ist, folgt $K \subset C$. Da K in M offen und abgeschlossen ist, besitzt K auch in C diese Eigenschaft. Da aber K nichtleer ist und C topologisch zusammenhängend ist, folgt $K = C$. ∎

Folgerungen:
1) Eine topologisch zusammenhängende und lokal wegzusammenhängende Menge ist wegzusammenhängend.
2) Für eine offene Teilmenge des $\mathbf{R}^N$ sind der Weg- und der topologische Zusammenhang äquivalent (denn offene Mengen im $\mathbf{R}^N$ sind lokal wegzusammenhängend). Für eine offene Teilmenge O des $\mathbf{R}^N$ sei deshalb vereinbart, daß von Zusammenhang von O gesprochen werden darf ohne den expliziten Zusatz Weg- oder topologischer Zusammenhang.

Definition 0.4 *Eine offene und zusammenhängende Teilmenge des $\mathbf{R}^N$ heißt ein Gebiet.*

Satz 0.5 *Ist M eine weg- bzw. topologisch zusammenhängende Teilmenge des $\mathbf{R}^N$ und ist $f : M \to \mathbf{R}^k$ eine stetige Abbildung, so ist das Bild $f(M)$ ein weg- bzw. topologisch zusammenhängender Teil des $\mathbf{R}^k$.*

Beweis: zur Übung empfohlen.

0.2 Reelle Kurvenintegrale

Als bekannt vorausgesetzt wird der Begriff der Länge eines Weges als Supremum der Längen interpolierender Streckenzüge und der Berechenbarkeit der Länge einmal stetig differenzierbarer Wege durch das Integral über den Betrag der Wegtangente, erstreckt über das zugehörige Parameterintervall. Ein rektifizierbarer Weg ist einer von endlicher Länge. Es sei $\gamma : [a, b] \to \mathbf{R}^N$ ein rektifizierbarer Weg und auf dem Träger $X := \gamma([a, b])$ sei eine stetige Funktion $f : X \to \mathbf{R}^N$ gegeben. Wie bei der Definition des Riemann-Integrals geben wir eine Zerlegung Z des Intervalls $[a, b]$ vor, also auf eine der Größe nach sortierte Wahl von Intervallpunkten $a = t_0 < t_1 < \cdots < t_p$ und wählen dazu einen Satz $\zeta = (\xi_1, \cdots, \xi_p)$ von zu Z passenden Zwischenpunkten (d.h., es soll gelten $t_0 < \xi_1 < t_1 < \xi_2 < t_2 < \cdots < t_{p-1} < \xi_p < t_p$. Damit definieren wir die Zahl

$$\sigma(Z, \zeta) := \sum_{j=1}^{p} f(\gamma(\xi_j)) \cdot (\gamma(t_j) - \gamma(t_{j-1})),$$

wobei $\cdot$ für das Skalarprodukt im $\mathbf{R}^N$ steht.
Unter der Feinheit $|Z|$ der Zerlegung Z verstehen wir das Maximum der Längen der an Z beteiligten Teilintervalle $[t_j, t_{j+1}]$, $(j = 0, \cdots p - 1$.
Es soll nun gezeigt werden, daß die Zahlen $\sigma(Z, \zeta)$ für $|Z| \to 0$ konvergieren. Dazu betrachten wir eine weitere Zerlegung Z' desselben Intervalls, die durch Verfeinerung aus Z hervorgeht, d.h. alle Teilungspunkte von Z sind auch Teilungspunkte von Z'. Dann ist $|Z'| \leq |Z|$ und wir wählen außerdem einen im obigen Sinn zu Z' passenden Satz von Zwischenpunkten $\zeta' = (\xi'_1, \cdots, \xi'_m)$.
Dann können wir notieren

$$\sigma(Z,\zeta) - \sigma(Z',\zeta') = \sum_{j=1}^{p} f(\gamma(\xi_j)) \cdot (\gamma(t_j) - \gamma(t_{j-1})) - \sum_{k=1}^{m} f(\gamma(\xi'_k)) \cdot (\gamma(t'_k) - \gamma(t'_{k-1}))$$

Da Z' eine Verfeinerung der Zerlegung Z ist, gibt es zu jedem j ein $k = k_j$ mit $t_j = t'_{k_j}$. Unter Ausnutzung des "Teleskop-Summen"-Effektes können wir schreiben:

$$\sigma(Z,\zeta) - \sigma(Z',\zeta') = \sum_{j=1}^{p} \sum_{l=k_{j-1}+1}^{k_j} \left(f(\gamma(\xi'_l)) - f(\gamma(\xi_{k_j})) \right) \left(\gamma(t'_l) - \gamma(t'_{l-1}) \right)$$

Die Funktion γ ist stetig auf dem kompakten Intervall $[a, b]$, also dort schon gleichmäßig stetig. Zu gegebenem $\varepsilon > 0$ existiert daher ein $\delta > 0$ mit der folgenden Eigenschaft:
Gilt $|Z| < \delta$ und ist Z' wie oben eine Verfeinerung von Z, so gilt (Bezeichnungen wie oben)

$$\left| f(\gamma(\xi'_l)) - f(\gamma(\xi'_{k_j})) \right| < \varepsilon$$

wobei j, l, k_j wie oben gekoppelt sein soll.
Damit schließen wir

$$|\sigma(Z,\zeta) - \sigma(Z',\zeta')| \leq \sum_j \sum_l \varepsilon \, |\gamma(t'_l) - \gamma(t'_{l-1})|$$

$$= \varepsilon \sum_{k=1}^m |\gamma(t'_l) - \gamma(t'_{l-1})| \leq \varepsilon \cdot L(\gamma),$$

wobei $L(\gamma)$ die Länge von γ bezeichnet.

Nun sei eine Folge Z_n von Zerlegungen des Intervalls $[a,b]$ und dazu jeweils ein passender Satz von Zwischenpunkten ζ_n gewählt und es gelte $|Z_n| \to 0$. Wir zeigen nun die Konvergenz der zugehörigen Zahlenfolge $\sigma(Z_n, \zeta_n)$.
Dazu geben wir ein $\varepsilon > 0$ vor und wählen dazu ein δ wie oben und ein $n_0 \in \mathbb{N}$ mit $|Z_n| < \delta$ für $n \geq n_0$. Nun seien natürliche Zahlen $n, m \geq n_0$ gegeben. Unter der Überlagerung Z_{nm} von Z_n und Z_m verstehen wir die Zerlegung des Intervalls, die genau die Vereinigung der Teilungspunkte von Z_n und Z_m als Teilungspunkte besitzt. Z_{nm} ist somit eine Verfeinerung sowohl von Z_n als auch von Z_m. Ist nun ζ_{nm} ein zu Z_{nm} passender Satz von Zwischenpunkten, so können wir nach der obigen Überlegung gleich feststellen:

$$|\sigma(Z_n, \zeta_n) - \sigma(Z_m, \zeta_m)| \leq |\sigma(Z_n, \zeta_n) - \sigma(Z_{nm}, \zeta_{nm})| +$$
$$|\sigma(Z_{nm}, \zeta_{nm}) - \sigma(Z_m, \zeta_m)| \leq 2\varepsilon L(\gamma)$$

Also ist die Zahlenfolge $\sigma(Z_n, \zeta_n)$ eine Cauchy-Folge und damit konvergent.
Es bleibt nun nur noch zu zeigen, daß der Grenzwert $\lim_{n \to \infty} \sigma(Z_n, \zeta_n)$ für jede Folge Z_n mit $|Z_n| \to 0$ und jede Wahl von Zwischenpunktsätzen ζ_n derselbe ist. Das ergibt sich aber einfach durch „mischen" zweier solcher Folgen: wir nehmen abwechselnd und fortlaufend aus der ersten und der zweiten Folge ein Element (mit dem zugehörigen Zwischenpunktsatz) heraus. Für die so erhaltene neue Folge können die Zahlen $\sigma(Z_k, \zeta_k)$ nur konvergieren, wenn die Grenzwerte der beiden Ausgangsfolgen übereingestimmt haben. ∎

Aus dieser Überlegung ist auch sofort zu sehen, daß der Grenzwert $\lim_{|Z| \to 0} \sigma(Z, \zeta)$ auch nicht von der speziellen Parametrisierung von γ abhängt. Es ist daher kein Verlust an Allgemeinheit, als Parameterintervall $[0,1]$ zu betrachten, wie eine passende affine Parametertransformation zeigt. Im folgenden wird es manchmal sinnvoll sein, darauf zurückzugreifen (ohne das jedesmal zu begründen).

Damit sind wir in der Lage, die grundlegende Definition dieses Abschnitts zu geben:

Definition 0.5 *Für einen rektifizierbaren Weg $\gamma : [a,b] \to X \subset \mathbb{R}^N$ und eine stetige Funktion $f : X \to \mathbb{R}^N$ sei*

$$\lim_{|Z| \to 0} \sigma(Z,\zeta) =: \int_\gamma f(x)\,dx =: \int_\gamma f_1(x)dx_1 + \cdots + f_N(x)dx_n$$

das Kurvenintegral von f längs γ.

0.2. REELLE KURVENINTEGRALE

Bemerkung: Das so definierte Kurvenintegral läßt sich physikalisch interpretieren: Beschreibt f ein Kraftfeld, welches auf dem Träger $\gamma([a,b])$ erklärt ist, so gibt $\int_\gamma f(x)\,dx$ die aufzuwendende Arbeit, wenn eine normiertes Probeteilchen längs γ verschoben wird.

Zur numerischen Bestimmung in konkreten Fällen ist die oben gegebene Definition natürlich nicht sehr praktikabel. Die Berechnung fällt jedoch dann leichter, wenn stärkere Voraussetzungen (an den Weg) gestellt werden.

Satz 0.6 *Für einen C^1-Weg (C^1 steht für stetig differenzierbar) $\gamma : [a,b] \to X \subset \mathbf{R}^N$ und eine stetige Funktion $f : X \to \mathbf{R}^N$ gilt*

$$\int_\gamma f(x)\,dx = \int_a^b f(\gamma(t)) \cdot \gamma'(t)\,dt$$

(wobei unter · das Skalarprodukt im $\mathbf{R}^N$ unter unter $\gamma'(t)$ der Tangentenvektor an γ im Punkt t zu verstehen ist).

Beweis: Es sei eine Zerlegung $Z = (t_0, \cdots, t_p)$ des Intervalls $[a,b]$ gegeben. Aus dem Mittelwertsatz folgt die Existenz von Zwischenpunkten $\tau_{kj} \in]t_{j-1}, t_j[$ mit ($\gamma = (\gamma_1, \cdots, \gamma_N)$)

$$\gamma_k(t_j) - \gamma_k(t_{j-1}) = \gamma'_k(\tau_{kj})(t_j - t_{j-1}) \quad (j = 1, \cdots, p)$$

Weiter sei ein zu Z passender Satz von Zwischenpunkten $\zeta = (\xi_1, \cdots, \xi_p)$ gegeben und damit die Zahl

$$\sigma'(Z,\zeta) := \sum_{j=1}^p f(\gamma(\xi_j)) \cdot \gamma'(\xi_j)(t_j - t_{j-1})$$

gebildet. Nun schätzen wir die Differenz zu der oben schon erklärten Zahl $\sigma(Z,\zeta)$ wie folgt ab:

$$|\sigma'(Z,\zeta) - \sigma(Z,\zeta)| \leq \sum_{j=1}^p \sum_{k=1}^N |f_k(\gamma(\xi_j))|\,|\gamma'_k(\tau_{kj}) - \gamma'_k(\xi_j)|\,(t_j - t_{j-1})$$

Wegen der Stetigkeit der γ'_k existiert zu jedem $\varepsilon > 0$ ein $\delta = \delta(\varepsilon) > 0$ mit $|\gamma'_k(\tau_{kj}) - \gamma'_k(\xi_j)| < \varepsilon$ für $|Z| < \delta$. Wenn wir noch

$$M := \max\{|f_k(\gamma(t))|\,|\,t \in [a,b], k = 1,\cdots,N\}$$

abkürzen, erhalten wir

$$|\sigma'(Z,\zeta) - \sigma(Z,\zeta)| \leq M\,\varepsilon\,(b-a)\,N$$

Die Zahlen $\sigma'(Z,\zeta)$ und $\sigma(z,\zeta)$ zeigen damit für $|Z| \to 0$ (jeweils mit einem zu Z passend gewähltem Zwischenpunktsatz) dasselbe Grenzwertverhalten. Da

$\sigma'(Z,\zeta)$ - als Riemannsche Summe zum Integral aus der Satzbehauptung! - für $|Z| \to 0$ gegen dieses Integral konvergiert, ist der Satz bewiesen. ∎

Nicht nur für den weiteren mathematischen Ausbau der Theorie, sondern auch für die oben geschilderte physikalische Interpretation des Kurvenintegrals sind diejenigen Funktionen f (Kraftfelder) von besonderem Interesse, für die der Wert des Kurvenintegrals nur vom Anfangs- und Endpunkt des Weges abhängt.

Definition 0.6 *Es sei $G \subset \mathbf{R}^N$ ein Gebiet und die Funktion $f: G \to \mathbf{R}^N$ sei stetig gegeben. Dann heißt f auf G wegunabhängig integrierbar, wenn für jede Wahl von C^1-Wegen $\gamma: [a,b] \to G$ und $\Gamma: [c,d] \to G$ mit $\gamma(a) = \Gamma(c), \gamma(b) = \Gamma(d)$ gilt*

$$\int_\gamma f(x)\,dx = \int_\Gamma f(x)\,dx.$$

Bemerkung: Es ist leicht einzusehen, daß die Überlegungen dieses Abschnitts auch für stückweise C^1-Wege durchführbar sind. Wir wollen aber auf die dann notwendig werdenden technischen Details (wie etwa die Aufteilung des Integrals im vorstehenden Satz in die Summe der Einzelintegrale über die jeweiligen - endlich vielen- Teilintervalle) verzichten und stellen die Überlegungen nur für C^1-Wege an. Da für den Rest dieses Kapitels nur C^1-Wege betrachtet werden, seien gleich alle Wege so vorausgesetzt, ohne daß das immer eigens erwähnt wird.

Die Addition von Wegen ist erklärt als die Durchlaufung nacheinander (und ist damit natürlich nicht kommutativ). Dabei taucht ein Parametrisierungsproblem auf, das wie folgt gelöst werden kann: Wir geben zwei Wege $\gamma: [0,1] \to \mathbf{R}^N$ und $\tau: [0,1] \to \mathbf{R}^N$ vor und erkären den Weg $\gamma + \tau: [0,1] \to \mathbf{R}^N$ durch Fallunterscheidung: $(\gamma+\tau)(t) = \gamma(2t)$ für $0 \leq t \leq \frac{1}{2}$ und $(\gamma+\tau)(t) = \tau(2t-1)$ für $\frac{1}{2} \leq t \leq 1$. Der umgekehrt durchlaufene Weg $-\gamma$ ist durch $-\gamma(t) := \gamma(1-t)$ $(t \in [0,1])$ parametrisiert. Es gelten dann (unter den obigen Voraussetzungen) die Rechenregeln:

$$\int_{\gamma+\tau} f(x)\,dx = \int_\gamma f(x)\,dx + \int_\tau f(x)\,dx \quad, \quad \int_{-\gamma} f(x)\,dx = -\int_\gamma f(x)\,dx$$

Ein Weg heißt geschlossen, wenn sein Anfangs- und Endpunkt übereinstimmen. Eine erste Antwort auf die Frage nach der wegunabhängigen Integrierbarkeit liefert nun der folgende Satz:

Satz 0.7 *Es sei $G \subset \mathbf{R}^N$ ein Gebiet und $f: G \to \mathbf{R}^N$ eine stetige Funktion. Dann ist f auf G genau dann wegunabhängig integrierbar, wenn für jeden geschlossenen Weg $\omega: [0,1] \to G$ gilt $\int_\omega f(x)\,dx = 0$.*

Beweis: Ist f wegunabhängig integrierbar und ist $\omega: [0,1] \to G$ ein geschlossener Weg, so ist der Wert des Integrals über ω gleich dem über den Punktweg $t \to \omega(0)$, und dieser ist 0.

0.2. REELLE KURVENINTEGRALE

Sind umgekehrt zwei Wege γ, τ mit demselben Anfangs- bzw. Endpunkt gegeben, so liefert $\omega := \gamma + (-\tau)$ einen geschlossenen Weg, über den das Integral voraussetzungsgemäß verschwindet. Die oben angegebenen Rechenregeln liefern dann $\int_\gamma f(x)\,dx = \int_\tau f(x)\,dx$. ∎

Definition 0.7 *Es sei $G \subset \mathbf{R}^N$ ein Gebiet und $f : G \to \mathbf{R}^N$ eine Funktion. Dann heißt $g : G \to \mathbf{R}$ eine Stammfunktion von f, wenn g auf G partiell differenzierbar ist und*
$$f(x) = \mathrm{grad}\, g(x) := \left(\frac{\partial g}{\partial x_1}(x) \cdots, \frac{\partial g}{\partial x_N}(x) \right)$$
für alle $x \in G$ gilt.

Bemerkung: Ist f stetig differenzierbar, so ist für die Existenz einer Stammfunktion das Bestehen der folgenden Gleichungen notwendig:
$$\frac{\partial f_j}{\partial x_k} = \frac{\partial f_k}{\partial x_j} \quad (j, k = 1, \cdots, N)$$
(Dieses folgt sofort aus dem Satz von H.A. Schwarz über die Vertauschung der Ableitungsreihenfolge). Diese Gleichungen werden auch als die "Integrabilitätsbedingungen" (an f) bezeichnet.

Satz 0.8 *Die Funktion $f : G \to \mathbf{R}^N$ sei auf dem Gebiet G stetig erklärt und besitze dort eine Stammfunktion g. Dann gilt für jeden Weg $\gamma : [a, b] \to G$*
$$\int_\gamma f(x)\,dx = g(\gamma(b)) - g(\gamma(a)).$$
Insbesondere ist f dann auf G wegunabhängig integrierbar.

Beweis: Da nach unserer obigen Generalvoraussetzung nur C^1-Wege betrachtet werden, erhalten wir aus der Kettenregel und dem Hauptsatz der Differential- und Integralrechnung
$$\int_\gamma f(x)\,dx = \int_a^b \mathrm{grad}\, g(\gamma(t)) \cdot \gamma'(t)\,dt$$
$$= \int_a^b \frac{\partial}{\partial t}\left(g(\gamma(t))\right) dt = g(\gamma(b)) - g(\gamma(a)). \quad \blacksquare$$

Die Umkehrung dieses Sachverhalts gilt ebenfalls:

Satz 0.9 *Mit den vorstehenden Bezeichnungen gilt: ist f auf G wegunabhängig integrierbar, so besitzt f auf G eine Stammfunktion. Diese läßt sich als Wegintegral schreiben: ist ein Punkt $x_0 \in G$ ausgezeichnet und ist zu jedem $x \in G$ ein $(C^1$-$)$Weg γ_x in G gewählt, so ist durch*
$$g(x) := \int_{\gamma_x} f(y)\,dy$$
eine Stammfunktion für f auf G erklärt.

Bemerkung: Es taucht hier das Problem auf, ob stets zwei Punkte aus G durch einen $\mathcal{C}^1$-Weg verbindbar sind. Es soll nur die Idee angedeutet werden, wie dieses bewerkstelligt werden kann. Ein (eventuell nur stetiger) Verbindungsweg $\gamma : [a, b] \to G$ kann jedenfalls gefunden werden, da G wegzusammenhängend ist. Den Träger $\gamma([a, b])$, eine kompakte Menge, überdecken wir durch endlich viele offene Kugeln, die ganz in G enthalten sind. Nun hätte man zu überlegen, daß in einer offenen Kugel je zwei ihrer Punkte durch einen einen $\mathcal{C}^1$-Weg so verbunden werden können, daß auch der Tangentenvektor im Anfangspunkt vorgegeben sein kann.

Es ist nun nicht schwer, daraus Stück für Stück einen $\mathcal{C}^1$-Weg in G der gesuchten Art zu erhalten. Die Ausführung der Einzelheiten sei als Übungsaufgabe überlassen.

Beweis des Satzes: Zu einem vorgegebenem $x \in G$ und einem $\varepsilon > 0$ sei ein $\delta > 0$ gewählt so, daß die offene Kugel $U_{2\delta}(x)$ um x mit dem Radius 2δ in G enthalten ist und $|f(x) - f(y)| < \varepsilon$ für alle $y \in U_{2\delta}(x)$ gilt. Der j-te kanonische Basisvektor des $\mathbf{R}^N$ sei mit e_j bezeichnet. Wir halten nun ein $j \in \{1, \cdots, N\}$ fest und betrachten den Weg $\tau(t) := x + te_j$ für $0 \leq t \leq \delta$. Wie oben sei γ_x der ausgewählte Weg, der x_0 mit x verbindet.

Wegen der wegunabhängigen Integrierbarkeit von f gilt dann für die wie im Satz angegebene Funktion g

$$g(x + \delta e_j) = \int_{\gamma_x + \tau} f(y)\, dy$$

und damit können wir wie folgt umformen und abschätzen ($f = (f_1, \cdots, f_N)$):

$$\left| \frac{g(x + \delta e_j) - g(x)}{\delta} - f_j(x) \right| = \left| \frac{1}{\delta} \int_\tau f(y)\, dy - f_j(x) \right|$$

$$= \left| \int_0^1 (f_j(x + s\delta e_j) - f_j(x))\, ds \right| \leq \int_0^1 |f_j(x + s\delta e_j) - f_j(x)|\, ds \leq \int_0^1 \varepsilon\, ds = \varepsilon$$

Also ist g partiell differenzierbar und es gilt $\operatorname{grad} g = f$. ∎

Noch erheblich einfacher gestalten sich die Dinge, wenn über das Gebiet G stärkere Voraussetzungen gestellt werden.

Definition 0.8 *Ein Gebiet $G \subset \mathbf{R}^N$ heißt sternförmig bezüglich des Punktes $a \in G$, wenn die Verbindungsstrecke $\{a + t(x - a)\, |\, 0 \leq t \leq 1\}$ für jedes $x \in G$ in G enthalten ist.*

Zum Abschluß dieses einführenden Kapitels zeigen wir nun, daß für ein sternförmiges Gebiet das Bestehen der oben angegebenen "Integrabilitätsbedingungen" schon die wegunabhängige Integrierbarkeit von f in G zur Folge hat. Für die Behandlung konkreter Fälle bringt diese Erkenntnis einen enormen Fortschritt,

0.2. REELLE KURVENINTEGRALE

denn das Nachprüfen dieser Gleichungen erfordert nur die Bildung von Ableitungen. Weder ist zu integrieren, noch ist eine Stammfunktion zu erraten.
Dieses Resultat gilt in Wirklichkeit noch allgemeiner, nämlich für einfach zusammenhängende Gebiete. Dieser Begriff wird später noch, in anderem Kontext, ausgeführt. An dieser Stelle ist die Einschränkung auf sternförmige Gebiete hinreichend.

Satz 0.10 *Das Gebiet $G \subset \mathbf{R}^N$ sei sternförmig bezüglich $a \in G$ und es sei eine stetig differenzierbare Funktion $f : G \to \mathbf{R}^N$ gegeben mit $\frac{\partial f_j}{\partial x_k}(x) = \frac{\partial f_k}{\partial x_j}(x)$ für alle $j, k = 1, \cdots, N$ und alle $x \in G$.*
Dann besitzt f auf G eine Stammfunktion.

Beweis: Als Kandidat für die gesuchte Stammfunktion g dient wieder ein Wegintegral, wobei sich als Weg hier die geradlinige Verbindung vom Punkt a zum jeweiligen Punkt x anbietet, also $\gamma_x(t) = a + t(x - a)$ $(t \in [0,1])$. Wir erhalten dann, wobei die Rechtfertigung der Vertauschung von Ableitung und Integral zur Übung dienen möge ($k \in \{1, \cdots, N\}$)

$$\frac{\partial g}{\partial x_k}(x) = \frac{\partial}{\partial x_k} \int_{\gamma_x} f(y)\,dy = \frac{\partial}{\partial x_k} \int_0^1 f(a + t(x-a)) \cdot x\,dt$$

$$= \int_0^1 \frac{\partial}{\partial x_k} \left(f(a + t(x-a)) \cdot x \right) dt$$

$$= \int_0^1 f_k(a + t(x-a)) + \sum_{l=1}^N \frac{\partial f_l}{\partial x_k}(a + t(x-a)) x_l t\,dt$$

$$= \int_0^1 f_k(a + t(x-a)) + \sum_{l=1}^N \frac{\partial f_k}{\partial x_l}(a + t(x-a)) x_l t\,dt$$

$$= \int_0^1 \frac{\partial}{\partial t} \left(t f_k(a + t(x-a)) \right) dt = f_k(x)$$

und damit ist g als Stammfunktion für f erkannt. ∎

Kapitel 1

Die komplexen Zahlen

Satz 1.1 *Die Ebene* $\mathbf{R}^2$ *wird durch die Verknüpfungen*

$$(x,y) \boxplus (u,v) := (x+u, y+v)$$

$$(x,y) \boxtimes (u,v) := (xu - yv, xv + yu)$$

zu einem Körper $\mathbf{C} = \mathbf{R}^2(\boxplus, \boxtimes)$, *dem Körper der komplexen Zahlen.*

Beweis: durch Nachrechnen mit der Null $(0,0)$ und der Eins $(1,0)$. ∎

Zur Vereinfachung der Notation vereinbaren wir gleich, daß $+$ bzw. $\cdot$ (oder nichts) für $\boxplus$ bzw. $\boxtimes$ geschrieben werden darf. Eine Verwechslungsgefahr ist nicht gegeben, wenn stets beachtet wird, ob reelle oder komplexe Zahlen miteinander verknüpft werden.

Satz 1.2 *Die Menge* $\tilde{\mathbf{R}} := \{(x,0) | x \in \mathbf{R}\} \subset \mathbf{C}$ *ist ein zu* $\mathbf{R}$ *isomorpher Unterkörper von* $\mathbf{C}$.

Beweis: Die Abbildung $\phi : \tilde{\mathbf{R}} \to \mathbf{R}, \phi((x,0)) := x$ ist ein Körper-Isomorphismus (nachrechnen). ∎

Bemerkung: Diese Feststellung rechtfertigt unsere obige Vereinbarung, die Symbole $\boxplus$ bzw. $\boxtimes$ in $+$ bzw. $\cdot$ zu vereinfachen nun auch inhaltlich, nicht nur als Bequemlichkeit: jetzt stellen sich nämlich die für $\mathbf{C}$ vereinbarten Rechenoperationen als Erweiterung derjenigen in $\mathbf{R}$ dar.

Schreibweise: Wir identifizieren daher gleich $\tilde{\mathbf{R}}$ und $\mathbf{R}$ und schreiben deshalb in Zukunft einfach x statt $(x,0)$.

Definition 1.1 $i := (0,1)$

Bemerkung: $(x,y) = (x,0) + (0,y) = (x,0) + (0,1) \cdot y = x + i \cdot y = x + iy$

Definition 1.2 *Für $z = (x,y) \in \mathbb{C}$ heißt x der Realteil von z $(x = \Re z)$ und y der Imaginärteil von z $(y = \Im z)$. Außerdem heißt $\bar{z} = (x,-y)$ die zu z konjugierte komplexe Zahl und $|z| := \sqrt{x^2+y^2}$ heißt der Betrag von z. Wegen $\left|\frac{z}{|z|}\right| = 1$ $(z \neq 0)$ existiert eine (bis auf Addition ganzzahliger Vielfacher von 2π eindeutig bestimmte) Zahl $\varphi \in \mathbb{R}$ mit $z = |z|(\cos\varphi + i\sin\varphi)$, genannt das Argument von z $(\varphi = \arg z)$.*

Satz 1.3 *Für $z \in \mathbb{C}$ gilt*

1. $\Re z = \frac{1}{2}(z + \bar{z})$
2. $\Im z = \frac{1}{2i}(z - \bar{z})$
3. $|z|^2 = z \cdot \bar{z}$
4. $\dfrac{1}{z} = \dfrac{\bar{z}}{|z|^2}$

Satz 1.4 *Für $z, w \in \mathbb{C}$ gilt*

1. $|z + w| \leq |z| + |w|$
2. $||z| - |w|| \leq |z - w|$
3. $|z \cdot w| = |z| \cdot |w|$

Bemerkung: $i^2 = -1$, also besitzt das Polynom $p(z) = 1 + z^2$ in $\mathbb{C}$ die Nullstellen i und $-i$.

Vereinbarung: Eine Menge $A \subset \mathbb{C}$ heißt offen bzw. abgeschlossen bzw. kompakt, wenn sie als Teilmenge des $\mathbb{R}^2$ offen bzw. abgeschlossen bzw. kompakt ist.

Bemerkung: Sehr nützlich ist die *Einpunktkompaktifizierung* von $\mathbb{C}$:
Es sei irgendein Element $\infty \notin \mathbb{C}$ (genannt Unendlich) gewählt. Wir versehen die Menge $\overline{\mathbb{C}} := \mathbb{C} \cup \{\infty\}$ mit einer Topologie: Eine Menge $M \subset \overline{\mathbb{C}}$ heiße offen, falls

- entweder $M \subset \mathbb{C}$ und M eine in $\mathbb{C}$ offene Menge ist,
- oder $\infty \in M$ gilt und $\overline{\mathbb{C}} \setminus M$ in $\mathbb{C}$ kompakt ist.

Eine Veranschaulichung der Einpunktkompaktifizierung kann wie folgt erhalten werden:
Auf die Ebene $\mathbb{C}$ legen wir die Kugel(peripherie)

$$S^3 := \{(x,y,t) \in \mathbb{R}^3 \mid x^2 + y^2 + (t-1)^2 = 1\}.$$

Der „Südpol" der Kugel fällt dann mit dem Nullpunkt der Ebene zusammen. Jedem Punkt $z \in \mathbb{C} = \{(x,y,0) \mid x,y \in \mathbb{R}\}$ entspricht dann umkehrbar eindeutig ein Punkt $w = w(z) \in S^3 \setminus \{(0,0,2)\}$ durch die Vorschrift, daß die Punkte $(0,0,2)$ („Nordpol"), $w(z)$ und z liegen im $\mathbf{R}^3$ auf einer Geraden liegen sollen (s. Abbildung).

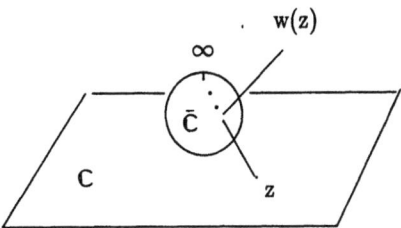

Als ∞ wählen wir den Nordpol. Durch diese Zuordnung ist ein Modell für $\overline{\mathbf{C}}$ gefunden: Jeder in $\mathbf{C}$ offenen Menge entspricht eine offene Menge auf der Kugel (also der Schnitt einer im $\mathbf{R}^3$ offenen Menge mit der Kugel) und den offenen Umgebungen von ∞ auf der Kugel entsprechen Komplemente kompakter Mengen in $\mathbf{C}$.

Um zu sehen, daß $\overline{\mathbf{C}}$ selbst kompakt ist zeigen wir, daß jede Folge $z_n \in \overline{\mathbf{C}}$ dort einen Häufungspunkt besitzt:

1. Fall: z_n besitzt eine (in $\mathbf{C}$) beschränkte Teilfolge; dann erhält man die Existenz eines Häufungspunktes aus dem Satz von Bolzano u. Weierstraß für die Ebene.

2. Fall: jede Teilfolge von z_n sei unbeschränkt in $\mathbf{C}$. Dann gilt $z_n \to \infty$ im Sinne der oben erklärten Topologie (denn außerhalb einer festen Umgebung von ∞ liegen höchstens endlich viele z_n).

$\overline{\mathbf{C}}$ heißt die *Riemannsche Zahlenkugel*.

Wichtige Selbstabbildungen von $\overline{\mathbf{C}}$ sind die *Möbiustransformationen*

$$\varphi(z) = \frac{az + b}{cz + d} \qquad (z \in \overline{\mathbf{C}})$$

mit Koeffizienten $a, b, c, d \in \mathbf{C}$ so, daß $ad - bc \neq 0$ ist. Diese Bedingung sorgt dafür, daß φ nicht konstant ist.

Jede Möbiustransformationen stellt eine bijektive und stetige Abbildung der Riemannschen Zahlenkugel auf sich selbst dar. Die Gesamtheit der Möbiustransformationen bildet bezüglich der Hintereinanderausführung eine Gruppe, die (leicht nachzurechnen) isomorph ist zur Gruppe der regulären komplexen 2×2-Matrizen. Diese Abbildungen besitzen noch eine interessante geometrische Eigenschaft: Jeder Kreis auf der Zahlenkugel (einem Kreis auf $\overline{\mathbf{C}}$ entspricht ein Kreis oder eine Gerade in $\mathbf{C}$) wird durch die Transformation φ auf einen Kreis in $\overline{\mathbf{C}}$ abgebildet. Das ist am leichtesten so einzusehen:

1) Die Gesamtheit der Kreise und Geraden in $\mathbf{C}$ (und damit die Gesamtheit der Kreise auf $\overline{\mathbf{C}}$) wird beschrieben durch die Gleichung

$$sz\bar{z} + \bar{\omega}z + \omega\bar{z} + t = 0$$

mit den reellen Parametern s, t und $\omega \in \mathbf{C}$ mit $\omega\bar{\omega} - st > 0$.

2) Wegen

$$\varphi(z) = \frac{a}{c} - \frac{ad-bc}{c} \cdot \frac{1}{cz+d}$$

läßt sich jede Möbiustransformation erhalten durch passende Hintereinanderausführung der speziellen Abbildungen

$$z \to \alpha z$$
$$z \to z + \beta$$
$$z \to \frac{1}{z}$$

Für die ersten beiden Abbildungstypen ist die behauptete Eigenschaft unmittelbar klar. Für die dritte Abbildung erkennt man sie schnell durch Verwendung der Gleichung aus 1) (Übungsaufgabe).

Aufgaben:

1. a) Für $z = x + iy$ gilt $\frac{1}{\sqrt{2}}(|x| + |y|) \leq |z| \leq |x| + |y|$.
   Wann tritt Gleichheit auf?

   b) Wie verhält sich $\left|\dfrac{a-b}{1-\bar{a}b}\right|$ für $|a| = 1$ oder $|b| = 1$, $a \neq b$?

   c) Beweisen Sie, daß $\left|\dfrac{a-b}{1-\bar{a}b}\right| < 1$ genau dann gilt, wenn $|a| < 1 \wedge |b| < 1$ oder aber $|a| > 1 \wedge |b| > 1$ ist.

2. Bestimmen Sie mit Hilfe der Parameterdarstellung $z = a + tb$ für $t \in \mathbf{R}, b \neq 0, \frac{a}{b} \notin \mathbf{R}$ einer Geraden die Mengen
   $\{z \in \mathbf{C} : \Im\left(\frac{z-a}{b}\right) > 0\}$ und $\{z \in \mathbf{C} : \Im\left(\frac{z-a}{b}\right) < 0\}$.

3. a) Zeigen Sie: Für jedes $n \in \mathbf{N}$ gibt es in $\mathbf{C}$ genau n verschiedene Lösungen $\epsilon_0 = 1, \epsilon_1, \ldots, \epsilon_{n-1}$ der Gleichung $x^n = 1$.
   Berechnen Sie damit die folgenden Größen:

   b) $\displaystyle\sum_{k=1}^{n-1} |1 - \epsilon_k|,$ c) $\displaystyle\sum_{k=1}^{n-1} \epsilon_k^j$ für $j = 0, \pm 1, \pm 2, \ldots,$ d) $\displaystyle\prod_{k=1}^{n-1} (1 - \epsilon_k).$

Kapitel 2

Holomorphie und Meromorphie

Definition 2.1 *Es sei $U \subset \mathbb{C}$ eine offene Menge und $f : U \to \mathbb{C}$ eine Funktion und $z_0 \in U$. Dann heißt f in z_0 komplex differenzierbar, wenn*

$$f'(z_0) := \lim_{\substack{z \to z_0 \\ z \in U \setminus \{z_0\}}} \frac{f(z) - f(z_0)}{z - z_0}$$

existiert. Ist das der Fall, so heißt $f'(z_0)$ die Ableitung von f in z_0.

Rechenregeln: Die Funktionen $f, g : U \to \mathbb{C}$ seien in $z_0 \in U$ komplex differenzierbar. Dann sind auch $f + g, f - g, f \cdot g$ in z_0 komplex differenzierbar, und es gelten dieselben Ableitungsregeln wie im Reellen.
Für $g \neq 0$ in U ist auch $\frac{f}{g}$ in z_0 komplex differenzierbar und $(\frac{f}{g})'(z_0)$ errechnet sich nach der Quotientenregel.

Beispiele:

1. $f(z) = c = const.$ ist komplex differenzierbar für alle $z_0 \in \mathbb{C}$.

2. $f(z) = z$ ist komplex differenzierbar für alle $z_0 \in \mathbb{C}$.

3. Jedes Polynom in z ist überall in $\mathbb{C}$ komplex differenzierbar.

4. $f(z) = \Re z$ ist in keinem $z_0 \in \mathbb{C}$ komplex differenzierbar: Mit $f(z) = x, z = x + iy, z_0 = x_0 + iy_0$ haben wir

$$\frac{f(z) - f(z_0)}{z - z_0} = \frac{x - x_0}{x - x_0 + i(y - y_0)} = \begin{cases} 0 & \text{für } x = x_0 \text{ und } y \neq y_0 \\ 1 & \text{für } y = y_0 \text{ und } x \neq x_0 \end{cases}$$

Also existiert $\lim_{z \to z_0} \frac{f(z) - f(z_0)}{z - z_0}$ nicht.

Bemerkung: $f : U \to \mathbb{C}$ ist in $z_0 \in \mathbb{C}$ genau dann komplex differenzierbar, wenn gilt:

(I) Es existiert eine Funktion $\Delta : U \to \mathbf{C}$, stetig im Punkt z_0 mit $\Delta(z_0) = 0$ und
$$f(z) = f(z_0) + f'(z_0)(z - z_0) + \Delta(z)(z - z_0) \qquad (z \in U)$$

Erinnerung: Eine Funktion $g : U \to \mathbf{R}^2$ heißt in z_0 reell total differenzierbar, wenn gilt
(II) Es existiert eine Funktion $r : U \to \mathbf{R}^2$ mit $\lim_{z \to z_0} \frac{r(z)}{|z-z_0|} = 0$ und
$$g(x,y) = g(x+iy) = g(z_0) + Jg(z_0) \cdot \begin{pmatrix} x-x_0 \\ y-y_0 \end{pmatrix} + r(z)$$

wobei $Jg(z_0)$ die Jacobimatrix von g im Punkt z_0 bezeichnet. Die Funktion r läßt sich dann auch darstellen als $r(z) = \theta(z)(z - z_0)$ mit einer in z_0 stetigen Funktion θ mit $\theta(z_0) = 0$. Zum Vergleich von (I) und (II) soll nun (II) weiter umgeformt werden, wobei $g = (g_1, g_2) = g_1 + ig_2, z_0 = (x_0, y_0)$ notiert wird:

$$Jg(z_0) \begin{pmatrix} x - x_0 \\ y - y_0 \end{pmatrix} =$$
$$= (g_{1_x}(z_0)(x - x_0) + g_{1_y}(z_0)(y - y_0), g_{2_x}(z_0)(x - x_0) + g_{2_y}(z_0)(y - y_0))$$
$$= g_{1_x}(z_0)(x - x_0) + g_{1_y}(z_0)(y - y_0) + i(g_{2_x}(z_0)(x - x_0) + g_{2_y}(z_0)(y - y_0))$$
$$= \frac{1}{2} \left(g_{1_x}(z_0) + ig_{2_x}(z_0) - i(g_{1_y}(z_0) + ig_{2_y}(z_0)) \right) (z - z_0) +$$
$$\frac{1}{2} \left(g_{1_x}(z_0) + ig_{2_x}(z_0) + i(g_{1_y}(z_0) + ig_{2_y}(z_0)) \right) (\bar{z} - \bar{z}_0)$$

Mit den Schreibweisen $g_x = g_{1_x} + ig_{2_x}, g_y = g_{1_y} + ig_{2_y}$ läßt das eine kürzere Darstellung zu:

$$Jg(z_0) \begin{pmatrix} x - x_0 \\ y - y_0 \end{pmatrix} = \frac{1}{2} \left(g_x(z_0) - ig_y(z_0) \right) (z - z_0) + \frac{1}{2} \left(g_x(z_0) + ig_y(z_0) \right) (\bar{z} - \bar{z}_0)$$

Damit ist g in z_0 genau dann reell total differenzierbar, wenn gilt

$$g(z) = g(z_0) + \frac{1}{2} \left(g_x(z_0) - ig_y(z_0) \right) (z - z_0) + \frac{1}{2} \left(g_x(z_0) + ig_y(z_0) \right) (\bar{z} - \bar{z}_0)$$
$$+ \theta(z)(z - z_0)$$

Diese Gleichung legt die folgenden Bezeichnungen nahe:

$$\boxed{\begin{aligned} g_z(z_0) &:= \frac{1}{2} \left(g_x(z_0) - ig_y(z_0) \right) \\ g_{\bar{z}}(z_0) &:= \frac{1}{2} \left(g_x(z_0) + ig_y(z_0) \right) \\ & \text{(„Wirtinger-Kalkül'')} \end{aligned}}$$

Damit ist g in z_0 genau dann reell total differenzierbar, wenn Zahlen $g_z(z_0), g_{\bar{z}}(z_0)$ existieren mit

$$(*) \qquad g(z) = g(z_0) + g_z(z_0)(z - z_0) + g_{\bar{z}}(z_0)(\bar{z} - \bar{z}_0) + \theta(z)(z - z_0)$$

wobei θ eine Funktion wie oben ist.

Sei nun g reell differenzierbar in z_0 angenommen. Wann ist g auch komplex differenzierbar?

Zusätzlich zu $(*)$ soll also eine Zahl $g'(z_0)$ existieren mit

$$g(z) = g(z_0) + g'(z_0)(z - z_0) + \Delta(z)(z - z_0)$$

mit einer entsprechenden Funktion Δ.

Aus $(*)$ erhalten wir

$$(**) \qquad 0 = (g_z(z_0) - g'(z_0))(z - z_0) + g_{\bar{z}}(z_0)(\bar{z} - \bar{z}_0) + (\theta(z) - \Delta(z))(z - z_0)$$

für alle $z \in U$.

Nun wählen wir spezielle Werte für z:

1. $z = z_0 + t$ für $t \in \mathbf{R}$ nahe 0. Dann ist $\bar{z} - \bar{z}_0 = t$. Einsetzen in $(**)$, teilen durch $t \neq 0$ und Grenzübergang $t \to 0$ liefert die Gleichung

$$0 = g_z(z_0) - g'(z_0) + g_{\bar{z}}(z_0)$$

2. $z = z_0 + it$ für $t \in \mathbf{R}$ nahe 0. Dann ist $\bar{z} - \bar{z}_0 = -it$. Einsetzen in $(**)$, teilen durch $it \neq 0$ und Grenzübergang $t \to 0$ liefert die Gleichung

$$0 = g_z(z_0) - g'(z_0) - g_{\bar{z}}(z_0)$$

Dieses verschafft uns die Informationen

$$g_z(z_0) = g'(z_0)$$

$$g_{\bar{z}}(z_0) = 0$$

Man beachte, daß die erste Gleichung im nachherein die oben vereinbarte Schreibweise g_z (als „partielle Ableitung") rechtfertigt.

Damit können wir feststellen:

Satz 2.1 *Es sei $U \subset \mathbf{C}$ und $z_0 \in U$. Eine Funktion $f : U \to \mathbf{C}$ ist genau dann in z_0 komplex differenzierbar, wenn f in z_0 reell total differenzierbar ist und $f_{\bar{z}}(z_0) = 0$ gilt.*
Mit $u := \Re f, v := \Im f$ ist $f_{\bar{z}}(z_0) = 0$ äquivalent zum Bestehen der Cauchy-Riemannschen Differentialgleichungen

$$\boxed{\begin{array}{c} u_x(z_0) = v_y(z_0) \\ u_y(z_0) = -v_x(z_0) \end{array}}$$

Beweis: Die Cauchy-Riemannschen Differentialgleichungen tauchen hier auf wegen

$$f_{\bar{z}} = \frac{1}{2}(f_x + if_y) = \frac{1}{2}(u_x + iv_x + i(u_y + iv_y)) = \frac{1}{2}((u_x - v_y) + i(u_y + v_x))$$

Der Rest ist klar nach den obigen Überlegungen. ∎

Definition 2.2 *Es sei $U \subset \mathbb{C}$ offen und $h : U \to \mathbb{R}$ zweimal stetig differenzierbar. h heißt harmonisch auf U, falls überall in U gilt $\Delta h := h_{xx} + h_{yy} = 0$. Δ heißt der Laplace-Operator.*

Satz 2.2 *Es sei $U \subset \mathbb{C}$ offen und $f : U \to \mathbb{C}$ in jedem $z_0 \in U$ komplex differenzierbar. Sind die Funktionen $u = \Re f, v = \Im f$ zweimal stetig differenzierbar auf U, so sind u, v harmonisch auf U.*

Beweis: Dies ergibt sich aus der Kombination der Cauchy-Riemannschen Differentialgleichungen mit dem Satz von Schwarz ($\to$ Analysis). ∎

Definition 2.3 *Unter den Voraussetzungen des Satzes 2.2 heißen u, v zueinander konjugierte harmonische Funktionen auf U.*

Unter Rückgriff auf das reelle Kurvenintegral (Kapitel 0.2) läßt sich feststellen:

Bemerkung: Ist $U \subset \mathbb{C}$ ein sternförmiges Gebiet bezüglich eines seiner Punkte, $u : U \to \mathbb{R}$ harmonisch, $z_0 \in U$ und zu jedem $z \in U$ ein Weg γ_z mit Anfangspunkt z_0, Endpunkt z gewählt, so wird durch

$$v(z) = \int_{\gamma_z} u_x \, dy - u_y \, dx$$

eine zu u konjugiert harmonische Funktion auf U vermittelt.

Denn: Die Wegunabhängigkeit des Integrals folgt aus dem Bestehen der Integrabilitätsbedingung $(u_x)_x = u_{xx} = (-u_y)_y = -u_{yy}$. Also ist v eine Stammfunktion zu $(-u_y, u_x)$ und damit gilt $v_x = -u_y$ und $v_y = u_x$. Die Cauchy-Riemannschen Differentialgleichungen sind also erfüllt. Daraus folgt die Behauptung.

Definition 2.4 *Es sei $V \subset \mathbb{C}$, $f : V \to \mathbb{C}$ eine Funktion. f heißt in $z_0 \in V$ holomorph, wenn eine in V enthaltene Umgebung $U(z_0)$ so existiert, daß f in allen $z \in U$ komplex differenzierbar ist. f heißt auf V holomorph, wenn f in jedem Punkt von V holomorph ist.*

Bemerkung: Die Menge $\{z_0 \in V : f \text{ ist in } z_0 \text{ holomorph}\}$ ist also offen für jede Funktion $f : V \to \mathbb{C}$.

Definition 2.5 *Es sei $V \subset \overline{\mathbb{C}}$, $\infty \in V$, $f : V \to \mathbb{C}$. Dann heißt f in ∞ holomorph, falls die Funktion $g(w) := f(\frac{1}{w})$ für $\frac{1}{w} \in V$ (wobei $\frac{1}{\infty} = 0, \frac{1}{0} = \infty$ vereinbart sei) im Punkt 0 holomorph ist.*

Beispiel: $f(z) = \frac{1}{z}$ ($z \in \overline{\mathbb{C}} \setminus \{0\}$) ist in ∞ holomorph: $g(w) = f(\frac{1}{w}) = w$.

Definition 2.6 *Es sei $V \subset \overline{\mathbb{C}}$, $f : V \to \overline{\mathbb{C}}$. Dann heißt f auf V meromorph, wenn in jedem Punkt $z_0 \in V$ die Funktion f oder $\frac{1}{f}$ holomorph ist. Ist f auf V meromorph und ist $z_0 \in V$ mit $f(z_0) = \infty$, so heißt z_0 eine Polstelle von f.*

Beispiel: $f(z) = \frac{1}{z}$ ist auf $\overline{\mathbb{C}}$ meromorph mit einer Polstelle in $z_0 = 0$.

Die scheinbare Sonderrolle, die der Punkt ∞ spielt, läßt sich wie folgt vollständig beseitigen:
Ist φ eine Möbiustransformation mit $\varphi(z_0) = \infty$, so kann mittels φ auf $\overline{\mathbb{C}} \setminus \{z_0\}$ eine Körperstruktur erklärt werden durch ($z, w \in \overline{\mathbb{C}} \setminus \{z_0\}$):

$$z \oplus w := \varphi^{-1}(\varphi(z) + \varphi(w)), \; z \otimes w := \varphi^{-1}(\varphi(z) \cdot \varphi(w))$$

(nachrechnen!). Auf diese Weise läßt sich auch der Punkt ∞ (wenn nicht ausgerechnet $z_0 = \infty$ ist) in eine Körperstruktur vollwertig einbeziehen, auf Kosten allerdings eines Opfers (des Punktes z_0, der aber mit φ frei wählbar ist).
In dieser Körperstruktur läßt sich ganz analog wie oben, durch Grenzwert eines Differenzenquotienten, ein Differenzierbarkeitsbegriff definieren, nennen wir ihn φ-differenzierbar (in einem einzelnen Punkt) bzw. φ-holomorph (auf einer Umgebung). Man kann dann nachrechnen (gute Übung!), daß eine Funktion $f : G \to \overline{\mathbb{C}}$ mit $G \subset \overline{\mathbb{C}}$ im Punkt $z \in G$ genau dann meromorph ist, wenn es eine Möbiustransformation φ mit $\varphi(z) \neq \infty$ und $\varphi(f(z)) \neq \infty$ gibt so, daß f in einer Umgebung von z φ-holomorph ist. Hat man ein solches φ gefunden, so tut es jede Möbiustransformation ebenfalls, die nicht gerade z oder $f(z)$ auf ∞ abbildet.
Der Zusammenhang zwischen der so zu bildenden φ-Ableitung $D_\varphi f$ und der normalen Ableitung f' der Funktion f unter den genannten Voraussetzungen wird (für $w = \varphi(z) = \dfrac{az+b}{cz+d}$ und $w_0 = \varphi(z_0)$) beschrieben durch

$$D_\varphi f(z_0) = \varphi^{-1}\left(\frac{d}{dw}[\varphi \circ f \circ \varphi^{-1}](w_0)\right) = \varphi^{-1}\left(\left(\frac{cz_0 + d}{cf(z_0) + d}\right)^2 f'(z_0)\right).$$

Holomorphie im üblichen Sinn ist nichts anderes als id-Holomorphie für Funktionen $f : G \subset \mathbb{C} \to \mathbb{C}$.

Es ist natürlich möglich, den ganzen Inhalt der folgenden Kapitel diesem Begriff der φ-Holomorphie anzupassen. Der Vorteil wäre eine Darstellung der Funktionentheorie, die überall auf der Zahlenkugel dieselbe Notation der Ergebnisse gestattet. Wir werden uns jedoch damit begnügen, nur ab und zu darauf zurückzukommen und ansonsten die traditionelle Unterscheidung zwischen Holo- und Meromorphie beizubehalten, da vieles sich sonst doch zu ungewohnt und unüblich darstellen würde.
Zum Abschluß dieses Kapitels sollen einige grundlegende Begriffe in adäquater Weise der $\varphi-Holomorphie$ angepaßt werden. Wer nur an der Funktionentheorie in der gängigen Präsentation interessiert ist, kann diesen und entsprechende später folgende Abschnitte übergehen.

Es sei eine Möbiustransformation φ gewählt mit $\varphi(z_0) = \infty$.
Für $z \in \overline{\mathbf{C}} \setminus \{z_0\}$ setzen wir $|z|_\varphi := \varphi^{-1}(|\varphi(z)|)$. Sind $a,b \in \varphi^{-1}(\mathbf{R})$, so definieren wir $a \overset{\varphi}{\leq} b :\iff \varphi(a) \leq \varphi(b)$ Es ist damit leicht, die *Dreiecksungleichung* $|z \oplus w|_\varphi \overset{\varphi}{\leq} |z|_\varphi \oplus |w|_\varphi$ für alle $z,w \in \overline{\mathbf{C}} \setminus \{z_0\}$ zu bestätigen.

Bezüglich einer einheitlichen, alle Punkte der Zahlenkugel $\overline{\mathbf{C}}$ gleichartig behandelnden Abstandsmessung gibt es noch eine naheliegende Möglichkeit, die wir hier nur erwähnen wollen:
Der Abstand zweier Punkte in $\overline{\mathbf{C}}$) wird dabei als der euklidische Abstand auf der Zahlenkugel (also im $\mathbf{R}^3$) gemessen. Diese so erhaltene Metrik auf $\overline{\mathbf{C}}$ heißt die *chordale Metrik*.

Aufgaben:

4. In welchen Punkten ihres Definitionsbereiches sind die folgenden Funktionen komplex differenzierbar ($z = x + iy$, $a,b \in \mathbf{C}$)?
   a) $f(z) = z^2$, b) $f(z) = |z|$, c) $f(z) = |z|^2$, d) $f(z) = ax + iby$,
   e) $f(z) = \cos x \cosh y - i \sin x \sinh y$, f) $f(z) = x^3 y^2 + i x^2 y^3$.

5. Für welche $k, m \in \mathbf{Z}$ ist $u(x,y) = \sin(kx)\cosh(my)$ Realteil einer auf ganz $\mathbf{C}$ komplex differenzierbaren Funktion und wie ist dann deren Imaginärteil?

6. Es sei G ein Gebiet in der komplexen Ebene. Man zeige
   a) Jede in G holomorphe Funktion $f : G \to \mathbf{R}$ ist konstant.
   b) Jede in G holomorphe Funktion mit konstantem Betrag ist konstant.

Kapitel 3

Potenzreihen

Bemerkung: Für Folgen komplexer Zahlen (also auch für Reihen komplexer Zahlen) übertragen sich Begriffe wie *Konvergenz, absolute Konvergenz* gemäß der Umschreibung

$$z_n = \Re z_n + i\Im z_n \in \mathbf{C} \iff (\Re z_n, \Im z_n) \in \mathbf{R}^2$$

Auch die *gleichmäßige Konvergenz* für Funktionenfolgen und - reihen überträgt sich wörtlich. Als Beispiel formulieren wir

Satz 3.1 *Es sei $A \subset \mathbf{C}$, $f_k : A \to \mathbf{C}$ eine Funktionenfolge mit $|f_k(z)| \leq c_k$ für alle $z \in A$, $k \in \mathbf{N}$. Ist $\sum_{k=1}^\infty c_k$ konvergent, so ist die Funktionenreihe $\sum_{k=1}^\infty f_k$ auf A gleichmäßig und absolut konvergent.*

Beweis: Es ist $\sum_{k=1}^\infty f_k$ genau dann auf A gleichmäßig konvergent, wenn gilt

$$\forall \varepsilon > 0 \, \exists n_0 \in \mathbf{N} \, \forall n, m \in \mathbf{N} \, \forall z \in A : n \geq n_0 : |\sum_{k=n}^{n+m} f_k(z)| < \varepsilon$$

(Der Beweis des Cauchykriteriums überträgt sich wörtlich ins Komplexe.)
Ist nun ein $\varepsilon > 0$ gegeben, so existiert dazu nach Voraussetzung ein $n_0 \in \mathbf{N}$ mit $|\sum_{k=n}^{n+m} c_k| < \varepsilon$ für alle $n, m \in \mathbf{N}$ mit $n \geq n_0$. Daraus folgt leicht die Behauptung.
∎

Definition 3.1 *Es sei $z_0 \in \mathbf{C}$, $a_k \in \mathbf{C}$ $(k \in \mathbf{N}_0)$. Die Reihe*

$$f(z) = \sum_{k=0}^\infty a_k (z - z_0)^k \quad (z \in \mathbf{C})$$

heißt eine Potenzreihe mit Entwicklungspunkt z_0 und den Koeffizienten a_k.

Satz 3.2 *Es sei $f(z) = \sum_{k=0}^{\infty} a_k(z - z_0)^k$ eine Potenzreihe und (mit den Setzungen $\frac{1}{0} = \infty, \frac{1}{\infty} = 0$)*

$$r := \frac{1}{\limsup_{k\to\infty} \sqrt[k]{|a_k|}}$$

*Dann
konvergiert $f(z)$ für $|z - z_0| < r$ (sogar absolut) und
divergiert für $|z - z_0| > r$.
Auf jeder kompakten Teilmenge K des Konvergenzkreises $\{z \in \mathbb{C} : |z - z_0| < r\}$ konvergiert f gleichmäßig.
Die Zahl r heißt der Konvergenzradius der Potenzreihe.*

Beweis: Es sei $K \subset \{z \in \mathbb{C} : |z - z_0| < r\}$ kompakt. Dann existiert ein $\rho < r$ mit $K \subset \{z \in \mathbb{C} : |z - z_0| \leq \rho\}$.
Daraus ist nicht schwer die Richtigkeit folgender Aussage zu erkennen:

$$\exists \delta < 1\, \exists k_0 \in \mathbb{N}\, \forall z \in K\, \forall k \in \mathbb{N} : k \geq k_0 \Longrightarrow \sqrt[k]{|a_k||z - z_0|^k} \leq \delta$$

Aus Satz 3.1 folgt die gleichmäßige und die absolute Konvergenz auf K, und somit auch die absolute Konvergenz in jedem Punkt des Konvergenzkreises.
Die noch behauptete Divergenz im Fall $|z - z_0| > r$ ergibt sich einfach daraus, daß dann die Summanden der Potenzreihe keine Nullfolge bilden. ∎

Satz 3.3 *Die Potenzreihe $f(z) = \sum_{k=0}^{\infty} a_k(z - z_0)^k$ besitze den Konvergenzradius $r > 0$. Dann ist die Grenzfunktion $f(z)$ auf dem Konvergenzkreis $\{z \in \mathbb{C} : |z - z_0| < r\}$ holomorph, und dort gilt*

$$f'(z) = \sum_{k=1}^{\infty} a_k k (z - z_0)^{k-1}$$

Beweis: Es darf o.B.d.A. $z_0 = 0$ angenommen werden.
Sei $K_r = \{z : |z| < r\}$. Wir werden nachweisen, daß f in jedem $z_1 \in K_r$ komplex differenzierbar ist. Da wir vermuten $f'(z_1) = \sum_{k=1}^{\infty} a_k k z_1^{k-1}$, betrachten wir

$$\left| \frac{f(z) - f(z_1)}{z - z_1} - \sum_{k=1}^{\infty} a_k k z_1^{k-1} \right| = \left| \sum_{k=1}^{\infty} a_k \left(\frac{z^k - z_1^k}{z - z_1} - k z_1^{k-1} \right) \right|$$

$$= \left| \sum_{k=2}^{\infty} a_k \left((\sum_{\nu=0}^{k-1} z_1^\nu z^{k-1-\nu}) - k z_1^{k-1} \right) \right|$$

$$= \left| \sum_{k=2}^{\infty} a_k \left(\sum_{\nu=0}^{k-2} z_1^\nu z^{k-1-\nu} - (k-1) z_1^{k-1} \right) \right|$$

$$= \left| \sum_{k=2}^{\infty} a_k \left(\sum_{\nu=0}^{k-2} (\nu+1) z_1^\nu z^{k-1-\nu} - \sum_{\nu=0}^{k-1} \nu z_1^\nu z^{k-1-\nu} \right) \right|$$

$$= \left| \sum_{k=2}^{\infty} a_k \left(\sum_{\nu=1}^{k-1} \nu z_1^{\nu-1} z^{k-\nu} - \sum_{\nu=1}^{k-1} \nu z_1^{\nu} z^{k-1-\nu} \right) \right|$$

$$= \left| \sum_{k=2}^{\infty} a_k (z-z_1) \sum_{\nu=1}^{k-1} \nu z_1^{\nu-1} z^{k-1-\nu} \right|$$

$$\stackrel{\rho:=\max\{|z|,|z_1|\}}{\leq} |z-z_1| \sum_{k=2}^{\infty} |a_k| \sum_{\nu=1}^{k-1} \nu \rho^{k-2} = |z-z_1| \sum_{k=2}^{\infty} |a_k| \rho^{k-2} \frac{(k-1)k}{2}$$

$$= |z-z_1| \sum_{k=0}^{\infty} |a_{k+2}| \frac{(k+1)(k+2)}{2} \rho^k \leq |z-z_1|(g(|z_1|)+1) \stackrel{z \to z_1}{\to} 0$$

mit

$$g(z) = \sum_{k=0}^{\infty} |a_{k+2}| \frac{(k+1)(k+2)}{2} z^k$$

Diese Potenzreihe besitzt ebenfalls den Konvergenzradius r (nachrechnen!) und somit (gleichmäßige Konvergenz!) ist g insbesondere in $|z_1|$ stetig. ∎

Beispiel: $\exp(z) = e^z = \sum_{k=0}^{\infty} \frac{z^k}{k!}$ ist holomorph auf ganz $\mathbb{C}$, und es gilt $(e^z)' = e^z$. Ebenfalls auf ganz $\mathbb{C}$ holomorph sind die Grenzfunktionen der Potenzreihen für

$$\cos z = \sum_{k=0}^{\infty} \frac{(-1)^k z^{2k}}{(2k)!}, \qquad \sin z = \sum_{k=0}^{\infty} \frac{(-1)^k z^{2k+1}}{(2k+1)!}$$

und es gilt $\cos' z = -\sin z, \sin' z = \cos z$.

Man errechnet leicht die Beziehung („Eulersche Gleichung")

$$\exp(iz) = \cos z + i \sin z$$

und damit folgt

$$\cos z = \frac{1}{2}(e^{iz} + e^{-iz}), \quad \sin z = \frac{1}{2i}(e^{iz} - e^{-iz})$$

Wegen der bewiesenen absoluten Konvergenz steht das Cauchy-Produkt zur Verfügung, und dieses liefert die Funktionalgleichung

$$e^{z+w} = e^z \cdot e^w \quad (z,w \in \mathbb{C})$$

Daraus folgt weiter $e^z \neq 0 \quad (z \in \mathbb{C})$.
Oft nützlich ist die Folgerung ($z = x + iy$)

$$e^z = e^x \cdot e^{iy} = e^x(\cos y + i \sin y)$$

Für $z \neq 0$ folgt leicht die Polarkoordinatendarstellung

$$z = |z| e^{i \arg z}$$

Damit können wir auch eine geometrische Interpretation der komplexen Multiplikation geben, deren Definition in Kapitel 1 so unanschaulich wirkte. Für $z, w \in \mathbb{C} \setminus \{0\}$ offenbart nämlich die Polarkoordinatenschreibweise:

$$z \cdot w = |z||w|e^{i \arg z} e^{i \arg w} = |z||w|e^{i(\arg z + \arg w)}$$

das heißt, das Produkt von z und w ist diejenige komplexe Zahl, deren Betrag das Produkt der Beträge der Faktoren und deren Argument die Summe der einzelnen Argumente ist.

Aufgaben:

7. Die Fibonacci-Folge $(c_k)_{k \in \mathbb{N} \cup \{0\}}$ ist definiert durch die Rekursionsformel $c_k = c_{k-1} + c_{k-2}$ ($k = 2, 3, \ldots$) mit den Anfangswerten $c_0 = 0, c_1 = 1$. Zeigen Sie, daß die Potenzreihe $\sum_{k=0}^{\infty} c_k z^k$ positiven Konvergenzradius besitzt und bestimmen Sie die Grenzfunktion unter Benutzung der Rekursionsformel. Errechnen Sie danach die Werte der Koeffizienten c_k und den genauen Konvergenzradius.

8. Es sei $f(z) = \sum_{k=0}^{\infty} a_k z^k$ eine Potenzreihe mit positivem Konvergenzradius. Für festes $n \in \mathbb{N}$ und $j = 0, 1, \ldots, n-1$ bezeichne $\epsilon_j = \exp(\frac{2\pi i j}{n})$ die j-te Einheitswurzel. Berechnen Sie die Mittelwerte $\frac{1}{n} \sum_{j=0}^{n-1} f(\epsilon_j z)$.

9. Zeigen Sie: besitzt die Potenzreihe $\sum a_k z^k$ bzw. $\sum b_k z^k$ den Konvergenzradius r_a bzw. r_b, so gilt für den Konvergenzradius r der *Faltung* $f * g(z) := \sum a_k b_k z^k$ die Abschätzung $r \geq r_a r_b$. Geben Sie ein Beispiel mit $r_a = r_b = 1$ und $r = \infty$.

Kapitel 4

Holomorphie und Winkeltreue

Bemerkung: Es sei $G \subset \mathbb{C}$ ein Gebiet, $z_0 \in G$ und $\gamma_1 : [a_1, b_1] \to G, \gamma_2 : [a_2, b_2] \to G$ differenzierbare Wege mit $\gamma_1(t_1) = \gamma_2(t_2) = z_0$ für ein $t_1 \in [a_1, b_1]$ und ein $t_2 \in [a_2, b_2]$. Außerdem gelte $\gamma_1'(t_1) \neq 0$ und $\gamma_2'(t_2) \neq 0$. Unter dem Winkel zwischen γ_1 und γ_2 im Schnittpunkt z_0 verstehen wir dann den Winkel zwischen den Tangentenvektoren $\gamma_1'(t_1)$ und $\gamma_2'(t_2)$, also die Zahl (modulo 2π)

$$\arg \frac{\gamma_1'(t_1)}{\gamma_2'(t_2)}$$

(*Vorsicht:* Die Reihenfolge von γ_1, γ_2 ist hier nicht egal!)

Definition 4.1 *Es sei $G \subset \mathbb{C}$ ein Gebiet und $f : G \to \mathbb{C}$ reell differenzierbar auf G. Dann heißt f winkeltreu (lokal konform) auf G, wenn für alle $z_0 \in G$ gilt: Sind γ_1, γ_2 differenzierbare Wege in G mit*

$$\gamma_1(t_1) = \gamma_2(t_2) = z_0 \in G$$

und $\gamma_1'(t_1) \neq 0$, $\gamma_2'(t_2) \neq 0$, so gilt für die Bildkurven

$$(f \circ \gamma_1)'(t_1) \neq 0, (f \circ \gamma_2)'(t_2) \neq 0$$

und der Winkel zwischen γ_1 und γ_2 in z_0 ist gleich dem Winkel zwischen den Bildkurven $f \circ \gamma_1$, $f \circ \gamma_2$ in $f(z_0)$.

Satz 4.1 *Es sei $G \subset \mathbb{C}$ ein Gebiet und $f : G \to \mathbb{C}$ dort reell differenzierbar. Dann gilt: f ist genau dann auf G winkeltreu, wenn f dort holomorph ist und $f'(z) \neq 0$ gilt für alle $z \in G$.*

Beweis: "$\Longrightarrow$" Es darf ohne Einschränkung angenommen werden

$$\gamma_1(0) = \gamma_2(0) = z_0$$

Nach Kettenregel ist

$$\frac{d}{dt} f \circ \gamma_1|_{t=0} = Jf(\gamma_1(0)) \cdot \gamma_1{}'(0)$$

$$= Jf(z_0) \cdot \gamma_1{}'(0) = f_z(z_0)\gamma_1{}'(0) + f_{\bar{z}}(z_0) \cdot \overline{\gamma_1{}'(0)}$$

Für winkeltreues f gilt nach Definition

$$\arg \frac{\gamma_1{}'(0)}{\gamma_2{}'(0)} = \arg \frac{\frac{d}{dt} f \circ \gamma_1|_{t=0}}{\frac{d}{dt} f \circ \gamma_2|_{t=0}}$$

Dann aber existiert ein $\lambda > 0$ mit

$$\lambda \cdot \frac{\gamma_1{}'(0)}{\gamma_2{}'(0)} = \frac{f_z(z_0)\gamma_1{}'(0) + f_{\bar{z}}(z_0)\overline{\gamma_1{}'(0)}}{f_z(z_0)\gamma_2{}'(0) + f_{\bar{z}}(z_0)\overline{\gamma_2{}'(0)}}$$

Nach Definition gilt $\frac{d}{dt} f(\gamma_1(t))|_{t=0} \neq 0$, also ist

$$f_z(z_0) \neq 0 \vee f_{\bar{z}}(z_0) \neq 0$$

Behauptung 1: $f_z(z_0) \neq 0$
Ansonsten hätte man $f_{\bar{z}}(z_0) \neq 0$ und aus der obigen Gleichung

$$\lambda \cdot \frac{\gamma_1{}'(0)}{\gamma_2{}'(0)} = \frac{\overline{\gamma_1{}'(0)}}{\overline{\gamma_2{}'(0)}}$$

Daraus folgt $\lambda = 1$ und damit die Gleichung

$$\gamma_1{}'(0)\overline{\gamma_2{}'(0)} = \overline{\gamma_1{}'(0)}\gamma_2{}'(0)$$

Dies hat zur Konsequenz

$$(*) \qquad \gamma_1{}'(0)\overline{\gamma_2{}'(0)} \in \mathbf{R}$$

Es sei etwa $\gamma_1{}'(0) = r_1 e^{i\alpha_1}$ und $\gamma_2{}'(0) = r_2 e^{i\alpha_2}$, dann müßte gelten $e^{i(\alpha_1 - \alpha_2)} \in \mathbf{R}$ und damit ist $\alpha_1 = \alpha_2 \mod \pi$, also kann $(*)$ nicht *für alle* glatten Kurven durch z_0 gelten.
Dies liefert die Behauptung 1.

Behauptung 2: $f_{\bar{z}}(z_0) = 0$
Annahme: $f_{\bar{z}}(z_0) \neq 0$.
Es ist (s.o.)

$$\lambda = \frac{f_z(z_0)\gamma_1{}'(0) + f_{\bar{z}}(z_0)\overline{\gamma_1{}'(0)}}{f_z(z_0)\gamma_2{}'(0) + f_{\bar{z}}(z_0)\overline{\gamma_2{}'(0)}} \cdot \frac{\gamma_2{}'(0)}{\gamma_1{}'(0)}$$

$$= \frac{f_z(z_0) + f_{\bar{z}}(z_0)\frac{\overline{\gamma_1{}'(0)}}{\gamma_1{}'(0)}}{f_z(z_0) + f_{\bar{z}}(z_0)\frac{\overline{\gamma_2{}'(0)}}{\gamma_2{}'(0)}} = \frac{1 + \frac{f_{\bar{z}}(z_0)}{f_z(z_0)}\frac{\overline{\gamma_1{}'(0)}}{\gamma_1{}'(0)}}{1 + \frac{f_{\bar{z}}(z_0)}{f_z(z_0)}\frac{\overline{\gamma_2{}'(0)}}{\gamma_2{}'(0)}} \qquad (**)$$

Mit $\gamma_1'(0) = re^{i\alpha}$ ist $\overline{\dfrac{\gamma_1'(z_0)}{\gamma_1'(0)}} = e^{-2i\alpha}$, und analog sei $\overline{\dfrac{\gamma_2'(z_0)}{\gamma_2'(0)}} = e^{-2i\beta}$. Man beachte, daß mit den Wegen auch die Winkel α, β frei wählbar sind (dazu reichen sogar geradlinige Wege) Speziell sei nun β so eingerichtet, daß

$$2\beta = \arg \frac{f_{\bar z}(z_0)}{f_z(z_0)}$$

Aufgrund unserer Annahmen ist die rechte Seite tatsächlich garantiert nicht 0! Dann ist der Nenner in (∗∗) reell und damit ist

$$1 + \left| \frac{f_{\bar z}(z_0)}{f_z(z_0)} \right| e^{2i(\beta - \alpha)} \in \mathbb{R}$$

und dieses für alle α, Widerspruch!

Nach Satz 2.1 ist also f in z_0 komplex differenzierbar, und nach Behauptung 1 ist $f_z(z_0) = f'(z_0) \neq 0$.

"⇐": Es sei $z_0 \in G$ und γ_1, γ_2 differenzierbare Wege in G durch z_0 mit

$$\gamma_1(0) = \gamma_2(0) = z_0,\ \gamma_1'(0) \neq 0,\ \gamma_2'(0) \neq 0$$

Dann sind die Bildwege $f \circ \gamma_1$, $f \circ \gamma_2$ differenzierbar, und es gilt nach Kettenregel auch

$$\frac{d}{dt} f \circ \gamma_j \big|_0 = f_z(z_0) \cdot \gamma_j'(0) \neq 0 \quad (j = 1, 2)$$

sowie

$$\frac{\gamma_1'(0)}{\gamma_2'(0)} = \frac{f_z(z_0) \gamma_1(0)}{f_z(z_0) \gamma_2(0)} = \frac{\frac{d}{dt} f \circ \gamma_1 |_{t=0}}{\frac{d}{dt} f \circ \gamma_2 |_{t=0}}$$

woraus die behauptete Winkeltreue folgt.

Offen geblieben ist bisher, wie das Verhalten bezüglich der Winkel im Urbild und Bild einer holomorphen Funktion f in den Nullstellen der Ableitung von f ist. Mit später zur Verfügung stehenden Mitteln wird sich erweisen, daß in solchen Punkten auch noch eine Winkelverwandtschaft gegeben ist: Winkel werden vern-facht für ein $n \in \mathbb{N}$.

Beispiel: Die Funktion $f(z) = z^2$ bildet die positive reelle Achse auf sich, und die negative reelle Achse ebenfalls auf die positive reelle Achse ab. Die Bilder dieser beiden Halbgeraden, die einen Winkel von π miteinander bilden, schließen den Winkel 2π ein (da der Halbkreis $\cos t + i \sin t$ ($0 \leq t \leq \pi$) in die gesamte Einheitskreislinie übergeführt wird).

Ganz ähnlich kann man das Abbildungsverhalten von $f(z) = z^n$ diskutieren.

Es ist leicht zu bestätigen, daß φ-Holomorphie und Winkeltreue ebenfalls in allen Punkten gleichbedeutend ist, wo die (φ-)Ableitung nicht verschwindet (was von φ allerdings unabhängig ist). Das gilt dann auch für den Punkt ∞. Die präzise Ausführung sei als Übung überlassen.

Aufgaben:

10. a) Wie bildet die Exponentialfunktion ein kartesisches Koordinatengitter ($\Re z = const.$, $\Im z = const.$) ab?
    b) Wie bildet die Funktion $f : \mathbf{C} \setminus \{0\} \to \mathbf{C}$ $f(z) := (z + \frac{1}{z})/2$ ein Polarkoordinatennetz ab?
    c) Wie bildet cos ein kartesisches Gitter ab?

11. Finden Sie eine winkeltreue und bijektive Abbildung des mondförmigen Gebietes $\{z \in \mathbf{C} : |z| < 1 \wedge |z - \frac{1}{2}| > \frac{1}{2}\}$ auf die offene Einheitskreisscheibe $\mathbf{D} := \{z \in \mathbf{C} : |z| < 1\}$.
    (Hinweis: man versuche eine schrittweise Konstruktion unter Einbeziehung der Exponentialfunktion.)

12. Die Koebe-Funktion $k(z) := \frac{z}{(1-z)^2}$ ist definiert für alle $z \in \mathbf{D}$.
    a) Beweisen Sie
    $$k(z) = \sum_{n=1}^{\infty} n z^n \qquad (|z| < 1)$$
    (Hinweis: Stammfunktion betrachten).
    b) Zeigen Sie, daß k eine winkeltreue und bijektive Abbildung von $\mathbf{D}$ auf die geschlitzte Ebene $\mathbf{C} \setminus \{x \in \mathbf{R} : x \leq -\frac{1}{4}\}$ vermittelt.
    (Hinweis: versuchen Sie, eine solche Abbildung zu finden.)

13. a) Weisen Sie nach, daß jede Möbiustransformation $\varphi : \overline{\mathbf{C}} \to \overline{\mathbf{C}}$, $\varphi \neq id$ genau einen oder genau zwei Fixpunkte besitzt.
    b) Es sei φ eine Möbiustransformation, z_j ($j = 1, 2, 3, 4$) paarweise verschiedene Punkte in $\overline{\mathbf{C}}$ und $w_j := \varphi(z_j)$. Dann besteht das Doppelverhältnis (mit den Vereinbarungen $\frac{1}{\infty} = 0$ u.s.w.)
    $$\frac{z_4 - z_3}{z_4 - z_1} : \frac{z_2 - z_3}{z_2 - z_1} = \frac{w_4 - w_3}{w_4 - w_1} : \frac{w_2 - w_3}{w_2 - w_1}$$
    (Hinweis: Man denke an die drei Abbildungsgrundtypen - S.4; bei richtiger Vorüberlegung gibt es nur ganz wenig zu rechnen).
    c) Es seien je drei verschiedene Punkte z_1, z_2, z_3 bzw. w_1, w_2, w_3 in $\overline{\mathbf{C}}$ gegeben. Dann existiert genau eine Möbiustransformation φ mit $w_j = \varphi(z_j)$ ($j = 1, 2, 3$).

Kapitel 5

Der Cauchysche Integralsatz für konvexe Gebiete

Definition 5.1 *Es sei $\gamma : [a,b] \to \mathbb{C}$ ein stückweiser C^1- Weg (C^1 steht für stetig differenzierbar). Die Bildmenge $T(\gamma) := \{w \in \mathbb{C} : \exists t \in [a,b] : \gamma(t) = w\}$ heißt der Träger von γ. Für eine stetige Funktion $f = u + iv : T(\gamma) \to \mathbb{C}$ definieren wir das (komplexe) Kurvenintegral von f längs $\gamma = x + iy$ zu*

$$\int_\gamma f(z)\,dz := \int_a^b f(\gamma(t))\gamma'(t)\,dt$$

$$:= \int_a^b \Re f(\gamma(t))\Re\gamma'(t) - \Im f(\gamma(t))\Im\gamma'(t)\,dt$$

$$+ i\int_a^b \Re f(\gamma(t))\Im\gamma'(t) + \Im f(\gamma(t))\Re\gamma'(t)\,dt$$

$$= \int_\gamma u\,dx - v\,dy + i\int_\gamma u\,dy + v\,dx$$

Bemerkung: Das komplexe Kurvenintegral wird sich als ein kraftvolles Hilfsmittel erweisen, um Aussagen über das Verhalten holo- und meromorpher Funktionen zu gewinnen. Eine zufriedenstellende Interpretation (wie bei reellen Kurvenintegralen als Berechnung physikalischer Arbeit) gibt es im Komplexen nicht, obwohl die Bildung gleich aussieht. Der wesentliche Unterschied ist aber die im Integranden auftretende Multiplikation, die hier eben die komplexe Multiplikation und nicht das Skalarprodukt im $\mathbb{R}^2$ darstellt.

Rechenregeln: Unter den Voraussetzungen von Definition 5.1 gilt

$$1)\quad \int_\gamma (f+g)\,dz = \int_\gamma f\,dz + \int_\gamma g\,dz$$

2) Sei γ wie oben und $\Gamma : [b,c] \to \mathbf{C}$ mit $\Gamma(b) = \gamma(b)$ ein stückweiser C^1-Weg und $f : T(\gamma) \cup T(\Gamma) \to \mathbf{C}$ eine stetige Funktion. Dann gilt

$$\int_{\gamma+\Gamma} f\,dz = \int_\gamma f\,dz + \int_\Gamma f\,dz$$

wobei

$$\gamma + \Gamma : \begin{cases} [a,c] \to \mathbf{C} \\ t \to \begin{cases} \gamma(t) \text{ für } t \in [a,b] \\ \Gamma(t) \text{ für } t \in]b,c] \end{cases} \end{cases}$$

die Zusammensetzung der beiden Wege bezeichnet.

3) Durch Vorschalten einer passenden affinen Abbildung kann erreicht werden, daß $[0,1]$ das Parameterintervall zu γ ist. Für diese Situation definieren wir den umgekehrt durchlaufenen Weg zu

$$-\gamma : \begin{cases} [0,1] \to \mathbf{C} \\ t \to \gamma(1-t) \end{cases}$$

Es gilt dann (Voraussetzungen wie oben)

$$\int_{-\gamma} f\,dz = -\int_\gamma f\,dz$$

Satz 5.1 *Es sei $\gamma : [a,b] \to \mathbf{C}$ ein C^1-Weg und $f : T(\gamma) \to \mathbf{C}$ stetig. Dann gilt*

1. *γ ist rektifizierbar und $L(\gamma) = \int_a^b |\gamma'(t)|\,dt$ ist die Länge von γ.*

2. *$\left| \int_\gamma f(z)\,dz \right| \leq L(\gamma) \cdot \max_{z \in T(\gamma)} |f(z)|$*

Beweis: 1): Dieses aus der reellen Analysis als bekannt vorausgesetzt.
2): Wähle α mit $e^{i\alpha} \int_\gamma f(z)\,dz \in \mathbf{R}_{\geq 0}$. Dann ist

$$\left| \int_\gamma f(z)\,dz \right| = e^{i\alpha} \int_\gamma f(z)\,dz = \Re \left[e^{i\alpha} \int_\gamma f(z)\,dz \right]$$

$$= \Re \left[\int_a^b e^{i\alpha} f(\gamma(t)) \gamma'(t)\,dt \right] = \int_a^b \Re \left[e^{i\alpha} f(\gamma(t)) \gamma'(t) \right]\,dt$$

$$\leq \int_a^b |f(\gamma(t))| \, |\gamma'(t)|\,dt \leq \max_{z \in T(\gamma)} |f(z)| \int_a^b |\gamma'(t)|\,dt$$

Satz 5.2 *Es sei γ ein stetig differenzierbarer Weg und $f : T(\gamma) \to \mathbb{C}$ eine stetige Funktion. Dann ist die für alle $z \in B := \mathbb{C} \setminus T(\gamma)$ erklärte Funktion*

$$F(z) = \int_\gamma \frac{f(\zeta)}{\zeta - z} d\zeta$$

auf B holomorph. Zu jedem Punkt von B existiert eine in B gelegene Umgebung, auf der F eine Darstellung als Potenzreihe besitzt.

Beweis: Nach Satz 3.3 reicht es überhaupt, zu zeigen, daß F auf B lokal als Potenzreihe dargestellt werden kann.
Sei $z_0 \in B$ fest, $2\varepsilon := \mathrm{dist}(z_0, T(\gamma))$ (für zwei nichtleere Mengen $A, B \subset \mathbb{C}$ bezeichne wie $\mathrm{dist}(A, B) := \sup\{|z - w| : z \in A, w \in B\}$ den Abstand dieser Mengen). Dann ist $\varepsilon > 0$, da B offen ist. Für $z \in K_\varepsilon(z_0) := \{w \in \mathbb{C} : |w - z_0| < \varepsilon\}$ gilt also für alle $\zeta \in T(\gamma)$

$$\left|\frac{z - z_0}{\zeta - z_0}\right| < \frac{\varepsilon}{2\varepsilon} = \frac{1}{2}$$

Nun ist weiter

$$\frac{1}{\zeta - z} = \frac{1}{\zeta - z_0 - (z - z_0)} = \frac{1}{\zeta - z_0} \frac{1}{1 - \frac{z - z_0}{\zeta - z_0}}$$

$$= \frac{1}{\zeta - z_0} \sum_{k=0}^\infty \left(\frac{z - z_0}{\zeta - z_0}\right)^k = \sum_{k=0}^\infty \frac{(z - z_0)^k}{(\zeta - z_0)^{k+1}}$$

und diese Reihe konvergiert bei jeder Wahl von z, z_0 gleichmäßig für alle $\zeta \in T(\gamma)$. Aus den Vertauschbarkeitssätzen der reellen Analysis (auf Real- und Imaginärteil zunächst einzeln angewendet und dann zusammengesetzt) folgt damit

$$F(z) = \int_0^1 f(\gamma(t))\gamma'(t) \sum_{k=0}^\infty \frac{(z - z_0)^k}{(\gamma(t) - z_0)^{k+1}} dt$$

$$= \sum_{k=0}^\infty \underbrace{\left[\int_0^1 \frac{f(\gamma(t))\gamma'(t)}{(\gamma(t) - z_0)^{k+1}} dt\right]}_{=: a_k} (z - z_0)^k$$

für alle $z \in K_\varepsilon(z_0)$. Der letzte Ausdruck ist eine Potenzreihe, die (mindestens) dort konvergiert, wo diese Umformungen erlaubt sind (also in $K_\varepsilon(z_0)$).

Definition 5.2 *Für einen geschlossenen $\mathcal{C}^1$-Weg $\gamma : [a, b] \to \mathbb{C}$ und $z \in \mathbb{C} \setminus T(\gamma)$ heißt*

$$n(z, \gamma) := \frac{1}{2\pi i} \int_\gamma \frac{d\zeta}{\zeta - z}$$

die Windungs- oder Umlaufzahl von γ bezüglich des Punktes z.

Es ist keineswegs klar, daß diese Definition das trifft, was man anschaulich mit dem Begriff einer Windungszahl (nämlich die Anzahl $n^*(z,\gamma)$ der „Umläufe" des Weges um den Punkt z) verbindet. Man kann sich jedoch wie folgt klarmachen, daß die Zahl $n(z,\gamma)$ genau dieses mißt, daß also $n^*(z,\gamma) = n(z,\gamma)$ gilt.

Zur Bestimmung von $n^*(z,\gamma)$ könnte man die Veränderung des Winkels $\omega(t) := \arg(\gamma(t) - z)$ beim Durchlaufen der Kurve messen und das Ergebnis durch 2π teilen. Nun kann man aber nicht einfach schreiben $\frac{1}{2\pi}(\omega(b) - \omega(a))$, denn dann ist im allgemeinen nicht klar, wie diese Winkel zu zählen sind (sie sind so nur modulo 2π bestimmt). Diese Schwierigkeit wird aber behoben, wenn wir den Zuwachs von $\omega(t)$ für $t \in [a,b]$ messen. Dies kann geschehen durch das Integral über die Ableitung von ω. Also ist

$$n^*(z,\gamma) = \frac{1}{2\pi} \int_a^b \frac{d\omega(t)}{dt}\,dt$$

Nun ist $\arg(x+iy) = \arctan \frac{y}{x}$, wobei hier der arctan stetig fortgesetzt, und damit potentiell mehrdeutig aufzufassen ist. Diese Schwierigkeit wirkt sich de facto aber garnicht aus, weil wir ω' benutzen.

Wir errechnen mit $\Delta(t) := \gamma(t) - z$

$$\frac{d\omega(t)}{dt} = \frac{d}{dt}\arctan\frac{\Im\Delta(t)}{\Re\Delta(t)} = \frac{1}{1+(\frac{\Im\Delta(t)}{\Re\Delta(t)})^2}\frac{\Im\Delta'(t)\Re\Delta(t) - \Re\Delta'(t)\Im\Delta(t)}{(\Re\Delta(t))^2}$$

$$= \frac{1}{|w|^2}\cdot \Im[(\Re\Delta'(t) + i\Im\Delta'(t))(\Re\Delta(t) - i\Im\Delta(t)]$$

$$= \Im\frac{\Delta'(t)\overline{\Delta(t)}}{|\Delta(t)|^2} = \Im\frac{\Delta'(t)}{\Delta(t)}$$

und damit haben wir

$$n^*(z,\gamma) = \frac{1}{2\pi}\int_a^b \Im\frac{\Delta'(t)}{\Delta(t)}\,dt = \Im\frac{1}{2\pi}\int_a^b \frac{\gamma'(t)}{\gamma(t)-z}\,dt$$

$$= \Im\frac{1}{2\pi}\int_\gamma \frac{d\zeta}{\zeta - z} = \Re\frac{1}{2i\pi}\int_\gamma \frac{d\zeta}{\zeta - z} = \Re n(z,\gamma)$$

Die Gleichheit von $n(z,\gamma)$ und $n^*(z,\gamma)$ bedeutet genau $n(z,\gamma) \in \mathbf{R}$.
Wir zeigen nun sogar gleich $n(z,\gamma) \in \mathbf{Z}$.

Satz 5.3 *Es sei $\gamma : [a,b] \to \mathbf{C}$ ein geschlossener C^1-Weg und $z \notin T(\gamma)$. Dann hat $n(z,\gamma)$ einen ganzzahligen Wert, und zwar ein und denselben für alle z aus ein und derselben Zusammenhangskomponente (da für offene Mengen in $\mathbf{C}$ die Begriffe wegzusammenhängend und topologisch zusammenhängend äquivalent sind -*

vgl. Kapitel 0.1 -, muß hier zwischen diesen Begriffen nicht unterschieden werden. Wir sprechen daher hier nur von Zusammenhang) von $\mathbf{C} \setminus T(\gamma)$. In der unbeschränkten Komponente (deren Eindeutigkeit folgt aus der Kompaktheit von $T(\gamma)$!) von $\mathbf{C} \setminus T(\gamma)$ ist $n(z, \gamma) \equiv 0$.

Beweis: Mit

$$\phi(t) := \exp\left(\int_a^t \frac{\gamma'(\tau)}{\gamma(\tau) - z} d\tau\right) \text{ und } g(t) := \frac{\phi(t)}{\gamma(t) - z}$$

gilt $\phi'(t) = \frac{\gamma'(t)}{\gamma(t)-z}\phi(t)$, und damit

$$g'(t) = \frac{\phi'(t)(\gamma(t) - z) - \gamma'(t)\phi(t)}{(\gamma(t) - z)^2} = \frac{\frac{\gamma'(t)}{\gamma(t)-z}\phi(t)(\gamma(t) - z) - \gamma'(t)\phi(t)}{(\gamma(t) - z)^2} = 0$$

Daraus folgt $\phi(t) \equiv c(\gamma(t) - z)$ für eine passende Konstante $c \in \mathbf{R}$. Also ist $\phi(a) = \phi(b) = \exp(\int_a^a \cdots) = 1$. Das bedeutet aber auch

$$\exp\left(\int_a^b \frac{\gamma'(\tau)}{\gamma(\tau) - z} d\tau\right) = 1 = \exp\left(2\pi i n(z, \gamma)\right) \Longrightarrow n(z, \gamma) \in \mathbf{Z}$$

Nach Satz 5.2 ist $n(z, \gamma)$ in z stetig, da Potenzreihen stetige Grenzfunktionen besitzen. Da nun aber $n(z) = n(z, \gamma)$ nur ganzzahlige Werte annimmt, muß $n(z)$ in jeder Zusammenhangskomponente von $\mathbf{C} \setminus T(\gamma)$ konstant sein. Denn wäre das nicht der Fall, dann existierten Punkte z_0, z_1 in der Komponente K mit $n(z_0) = n_0 \in \mathbf{Z}, n(z_1) = n_1 \in \mathbf{Z}$ mit $n_0 \neq n_1$. Wegen des (Weg-)Zusammenhangs existiert ein Weg $\gamma : [0, 1] \to K$ mit $\gamma(0) = z_0, \gamma(1) = z_1$. Die Hintereinanderausführung $n \circ \gamma$ erfüllt dann sicher nicht die Aussage des Zwischenwertsatzes.

Nun sei z aus der unbeschränkten Komponente von $\mathbf{C} \setminus T(\gamma)$. Dann gilt für dist$(z, \gamma) > L(\gamma)$ die Abschätzung

$$|n(z, \gamma)| \leq \frac{1}{2\pi} L(\gamma) \max_{\zeta \in T(\gamma)} \frac{1}{|\zeta - z|} < \frac{1}{2\pi} < 1$$

Aus der Ganzzahligkeit von $n(z, \gamma)$ folgt daher $n(z, \gamma) = 0$ ∎

Satz 5.4 (Goursat) *Es sei $G \subset \mathbf{C}$ ein Gebiet und $f : G \to \mathbf{C}$ sei auf G holomorph. Ist $\Delta \subset G$ eine kompakte Dreiecksfläche und γ ein einfach geschlossener, stückweiser C^1-Weg mit $T(\gamma) = \partial \Delta$, so ist*

$$\int_\gamma f(z)\, dz = 0$$

Beweis: Es werden induktiv Hilfswege definiert:

Start:

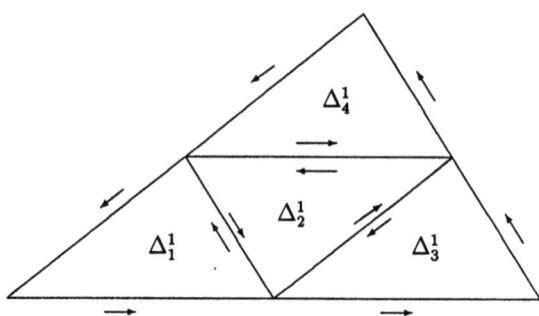

Nach dem Strahlensatz sind die Teildreiecke $\Delta_1^1, \Delta_2^1, \Delta_3^1, \Delta_4^1$ kongruent. Für $j = 1, \cdots, 4$ sei $\partial \Delta_j^1$ als Träger eines einfach geschlossenen Weges (stückweise $\mathcal{C}^1$) parametrisiert, die auf $\partial \Delta$ mit γ übereinstimmt. Für doppelt auftretende Kanten wählen wir die jeweiligen Parametrisierungen als zueinander umgekehrt durchlaufen. Dann gilt (da keine Mißdeutungen zu befürchten sind, unterscheiden wir in der Notation nicht zwischen den Wegen und ihren jeweiligen Trägern):

$$L(\partial \Delta_j^1) = \frac{1}{2} L(\partial \Delta) = \frac{1}{2} L(\gamma)$$

Weiter ist

$$\left| \int_\gamma f(z)\, dz \right| = \left| \sum_{j=1}^4 \int_{\partial \Delta_j^1} f(z)\, dz \right| \leq \sum_{j=1}^4 \left| \int_{\partial \Delta_j^1} f(z)\, dz \right|$$

Also gilt für mindestens ein $\Delta_{j_0}^1$ die Ungleichung

$$\left| \int_\gamma f(z)\, dz \right| \leq 4 \left| \int_{\partial \Delta_{j_0}^1} f(z)\, dz \right|$$

Mit $\Delta^1 := \Delta_{j_0}^1$ wird nun das Verfahren wiederholt.
Auf diese Weise entsteht eine Folge kompakter Dreiecke

$$\Delta^1 \supset \Delta^2 \supset \cdots$$

mit den Eigenschaften ($n \in \mathbb{N}, \Delta^0 := \Delta$)

$$1) \quad L(\partial \Delta^n) = \frac{1}{2} L(\partial \Delta^{n-1}) = \cdots = \frac{1}{2^n} L(\gamma)$$

2) $$\left|\int_\gamma f(z)\,dz\right| \leq 4^n \left|\int_{\partial\Delta^n} f(z)\,dz\right|$$

Nach dem Cantorschen Durchschnittssatz existiert ein $z_0 \in G$ mit

$$\bigcap_{n\in\mathbb{N}} \Delta^n = \{z_0\}$$

Da f in z_0 komplex differenzierbar ist, gilt

$$\forall \varepsilon > 0 \, \exists \delta > 0 \, \forall z \in G : |z - z_0| < \delta$$

$$\implies f(z) = f(z_0) + f'(z_0)(z - z_0) + (z - z_0)\sigma(z)$$

mit $|\sigma(z)| < \varepsilon$.
Nun sei ein $\varepsilon > 0$ vorgegeben und dazu ein $\delta > 0$ wie oben gewählt.
Für $n \geq n_0$ gilt $\Delta^n \subset \{z \in G : |z - z_0| < \delta\}$. Dann ist

$$\int_{\partial\Delta^n} f(z)\,dz = f(z_0) \underbrace{\int_{\partial\Delta^n} dz}_{=0} + f'(z_0) \underbrace{\int_{\partial\Delta^n} (z - z_0)\,dz}_{=0} + \int_{\partial\Delta^n} (z - z_0)\sigma(z)\,dz$$

(Das Verschwinden der beiden Integrale läßt sich so einsehen: Sei F holomorph, F' stetig. Dann ist

$$\int_\gamma F'(z)\,dz = \int_a^b F'(\gamma(t))\gamma'(t)\,dt = \int_a^b \frac{d}{dt}(F(\gamma(t)))\,dt$$

$$\stackrel{\text{Hauptsatz}}{=} F(\gamma(b)) - F(\gamma(a)) = 0$$

da γ geschlossen ist.)
Weiter ist

$$\left|\int_{\partial\Delta^n} (z - z_0)\sigma(z)\,dz\right| \leq L(\partial\Delta^n) \max_{z\in\partial\Delta^n} |z - z_0| \cdot \varepsilon$$

$$< L(\partial\Delta^n) L(\partial\Delta^n) \varepsilon \stackrel{1)}{=} \frac{\varepsilon L(\gamma)^2}{4^n}$$

Zusammen mit 2) ergibt sich für $n \geq n_0$

$$\left|\int_\gamma f(z)\,dz\right| \leq 4^n \frac{\varepsilon L(\gamma)^2}{4^n} = L(\gamma)^2 \varepsilon$$

Da $\varepsilon > 0$ beliebig vorgegeben war, folgt die Behauptung. ∎

KAPITEL 5. CAUCHYSCHER SATZ: KONVEXE GEBIETE

Korollar: *Mit G, Δ, γ wie zuvor, jedoch f nur holomorph auf $G \setminus \{p\}$, stetig in p für einen festen Punkt $p \in G$ gilt auch noch*

$$\int_\gamma f(z)\,dz = 0$$

Denn: 1. Fall: $p \notin \Delta$; dann ist nichts mehr zu zeigen.
2. Fall: p sei eine Ecke von Δ; wähle Hilfsdreiecke

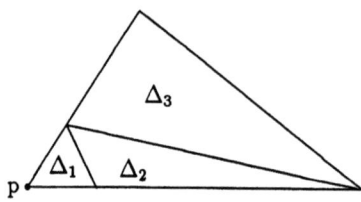

Es ist

$$\left|\int_\gamma f(z)\,dz\right| \overset{\text{Satz 5.4}}{=} \left|\int_{\partial\Delta_1} f(z)\,dz\right| \leq L(\partial\Delta_1) \max_{z\in\Delta_1} |f(z)|$$

$$\to 0 \text{ für } L(\partial\Delta_1) \to 0$$

3. Fall: p liegt auf einer Kante von Δ; wähle Hilfswege

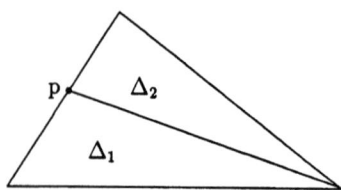

Damit ist die Betrachtung auf den 2. Fall zurückgeführt.
4. Fall: p sei ein innerer Punkt von Δ; wähle Hilfsdreiecke

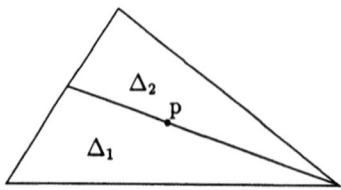

Damit ist die Betrachtung auf den 3. Fall zurückgeführt und das Korollar ist vollständig bewiesen.

Unter einem konvexen Gebiet verstehen wir eines, das mit den Punkten $z, w \in G$ ist stets die ganze Verbindungsstrecke $[z, w] := \{z(1-t) + tw : 0 \le t \le 1\}$ in G enthält.

Satz 5.5 *Es sei $G \subset \mathbb{C}$ ein konvexes Gebiet und die Funktion $f : G \to \mathbb{C}$ sei stetig und mit Ausnahme des Punktes $p \in G$ auf G holomorph. Dann existiert eine auf G holomorphe Funktion F mit $F'(z) = f(z)$ für alle $z \in G$.*

Beweis: Sei $z_0 \in G$ fest gewählt. Für $z \in G$ sei

$$F(z) := \int_{[z_0, z]} f(\zeta)\, d\zeta$$

(hier wird die Konvexität schon benutzt).
Für festes $z, z_1 \in G$ sei Δ das Dreieck mit den Ecken z, z_1, z_0 und $\gamma = [z_0, z_1] + [z_1, z] + [z, z_0]$ (mit der kanonischen Parametrisierung). Nach dem vorstehenden Korollar ist

$$\int_\gamma f(\zeta)\, d\zeta = 0 = \int_{[z_0, z_1]} f(\zeta)\, d\zeta + \int_{[z_1, z]} f(\zeta)\, d\zeta + \int_{[z, z_0]} f(\zeta)\, d\zeta$$

$$= F(z_1) - F(z) + \int_{[z_1, z]} f(\zeta)\, d\zeta$$

Damit folgt

$$\left| \frac{F(z) - F(z_1)}{z - z_1} - f(z_1) \right| = \left| \frac{1}{z - z_1} \int_{[z_1, z]} f(\zeta)\, d\zeta - \frac{1}{z - z_1} \int_{[z_1, z]} f(z_1)\, d\zeta \right|$$

$$= \frac{1}{|z - z_1|} \left| \int_{[z_1, z]} (f(\zeta) - f(z_1))\, d\zeta \right| \le \max_{\zeta \in [z_1, z]} |f(\zeta) - f(z_1)|$$

Aufgrund der Stetigkeit von f geht dieser Ausdruck gegen 0 für $z \to z_1$. Also ist F auf ganz G holomorph und es gilt $F'(z) = f(z)$ für alle $z \in G$. ∎

Korollar: (Cauchyscher Integralsatz für konvexe Gebiete)
Es sei $G \subset \mathbb{C}$ ein konvexes Gebiet, $p \in G$ und $f : G \to \mathbb{C}$ wie zuvor. Dann gilt für jeden geschlossenen, stückweisen C^1-Weg γ in G:

$$\int_\gamma f(z)\, dz = 0$$

Beweis: Es ist nämlich

$$\int_\gamma f(z)\,dz = \int_a^b f(\gamma(t))\gamma'(t)\,dt = \int_a^b F'(\gamma(t))\gamma'(t)\,dt$$

$$= \int_a^b \frac{d}{dt}F(\gamma(t))\,dt = F(\gamma(b)) - F(\gamma(a)) = 0$$

∎

Satz 5.6 (Cauchysche Integralformel für konvexe Gebiete)
Es sei $G \subset \mathbb{C}$ ein konvexes Gebiet, $g : G \to \mathbb{C}$ holomorph auf G und γ ein geschlossener Weg (stückweise C^1) in G. Dann gilt für alle $z \in G \setminus T(\gamma)$

$$\int_\gamma \frac{g(\zeta)}{\zeta - z}\,d\zeta = 2\pi i\, g(z)\, n(z, \gamma)$$

Bemerkung: Die Werte von g auf der Menge $G \setminus T(\gamma)$ sind also schon bestimmt durch Kenntnis der Werte auf dem Träger von γ!

Beweis: Die Funktion (z wird für den Moment festgehalten)

$$f(\zeta) := \begin{cases} \dfrac{g(\zeta) - g(z)}{\zeta - z} & \text{für } \zeta \neq z \\ g'(z) & \text{für } \zeta = z \end{cases}$$

ist dann auf $G \setminus \{z\}$ holomorph und stetig auf G. Nach dem Korollar zu Satz 5.5 folgt

$$0 = \int_\gamma f(\zeta)\,d\zeta \stackrel{z \notin T(\gamma)}{=} \int_\gamma \frac{g(\zeta) - g(z)}{\zeta - z}\,d\zeta$$

$$= \int_\gamma \frac{g(\zeta)}{\zeta - z}\,d\zeta - g(z) \underbrace{\int_\gamma \frac{d\zeta}{\zeta - z}}_{=2\pi i n(z,\gamma)}$$

∎

Satz 5.7 *Es sei $G \subset \mathbb{C}$ ein Gebiet und $f : G \to \mathbb{C}$ holomorph. Dann existiert zu jedem $z_0 \in G$ ein $\varepsilon > 0$ so, daß sich f auf der Kreisscheibe $U_\varepsilon(z_0) \subset G$ in eine Potenzreihe entwickeln läßt.*

Beweis: Sei $z_0 \in G$ fest gewählt. Da G offen ist, existiert ein $\varepsilon > 0$ mit $U_{2\varepsilon}(z_0) \subset G$. Offensichtlich ist die Kreisscheibe $U_{2\varepsilon}(z_0)$ ein konvexes Gebiet. Mit $\gamma(t) = z_0 + \varepsilon e^{it}$ ($t \in [0, 2\pi]$) folgt aus Satz 5.6

$$f(z) = \frac{1}{2\pi i \, n(z, \gamma)} \int_\gamma \frac{f(\zeta)}{\zeta - z} d\zeta \qquad (z \notin T(\gamma))$$

Nach Satz 5.3 ist $n(z, \gamma)$ konstant für $z \in U_\varepsilon(z_0)$. Durch direkte Berechnung erhält man leicht: $n(z, \gamma) = 1$ für alle $z \in U_\varepsilon(z_0)$. Also ist

$$f(z) = \frac{1}{2\pi i} \int_\gamma \frac{f(\zeta)}{\zeta - z} d\zeta \qquad (z \in U_\varepsilon(z_0))$$

Aus Satz 5.2 folgt nun die Behauptung. ∎

Korollar 1: *Ist $f : G \to \mathbb{C}$ holomorph, so ist f auf G beliebig oft komplex differenzierbar.*
Denn: Die Ableitung einer Potenzreihe ist eine Potenzreihe (mit demselben Konvergenzradius), und ist daher wieder komplex differenzierbar.

Korollar 2: *Ist $u : G \to \mathbb{R}$ eine harmonische Funktion, so existieren die Ableitungen von u von beliebiger Ordnung.*
Denn: Nach der Bemerkung in Kapitel 2 existiert lokal eine konjugiert harmonische Funktion v, das heißt, $f := u + iv$ ist dort holomorph. Nach Korollar 1 folgt die Behauptung. (Übungsaufgabe: Warum ist eigentlich eine holomorphe Funktion partiell differenzierbar?)

Der folgende Satz zeigt, daß die Aussage des Satzes von Goursat auch in der umgekehrten Richtung wahr ist.

Satz 5.8 (Morera) *Es sei $G \subset \mathbb{C}$ ein Gebiet und $f : G \to \mathbb{C}$ sei stetig. Für jedes kompakte Dreieck $\Delta \subset G$ gelte $\int_{\partial \Delta} f(z) \, dz = 0$ bezüglich einer Parametrisierung von $\partial \Delta$ als einfach geschlossene, stückweise C^1-Kurve. Dann ist f auf G holomorph.*

Beweis: Sei $z_0 \in G$ fest gewählt und ein $\varepsilon > 0$ so vorgegeben, daß $U_\varepsilon(z_0) \subset G$ gilt. Nach dem Beweis von Satz 5.5 folgt aus der Voraussetzung, daß es eine Funktion $F : U_\varepsilon(z_0) \to \mathbb{C}$ gibt mit $F'(z) = f(z)$ für alle $z \in U_\varepsilon(z_0)$. Da F nach dem Korollar 1 zu Satz 5.7 auf $U_\varepsilon(z_0)$ zweimal komplex differenzierbar ist, ist f in z_0 komplex differenzierbar, und damit holomorph auf G, da $z_0 \in G$ beliebig wählbar war. ∎

Hilfssatz: *Es sei $G \subset \mathbb{C}$ ein Gebiet, γ ein C^1-Weg in G. Die Funktion $g(\zeta, z)$ sei stetig in der Variablen $\zeta \in T(\gamma)$ und holomorph in der Variablen $z \in G \setminus T(\gamma)$ und $\frac{\partial g}{\partial z}$ sei stetig auf $T(\gamma) \times (G \setminus T(\gamma))$. Dann ist $F(z) := \int_\gamma g(\zeta, z) \, d\zeta$ holomorph auf $G \setminus T(\gamma)$, und es gilt dort $F'(z) = \int_\gamma \frac{\partial g}{\partial z} d\zeta$.*

Beweis: Es sei ein $z_0 \in B := G \setminus T(\gamma)$ fest gewählt, $z \in B$ mit $[z_0, z] \subset B$. Dann gilt

$$\frac{F(z) - F(z_0)}{z - z_0} = \frac{1}{z - z_0} \int_\gamma (g(\zeta, z) - g(\zeta, z_0))\, d\zeta$$

$$= \frac{1}{z - z_0} \int_\gamma \left(\int_{[z_0, z]} \frac{\partial g}{\partial z}(\zeta, w)\, dw \right) d\zeta$$

Wegen

$$\frac{1}{z - z_0} \int_\gamma \left(\int_{[z_0, z]} \frac{\partial g}{\partial z}(\zeta, z_0)\, dw \right) d\zeta = \frac{1}{z - z_0} \int_\gamma \left(\frac{\partial g}{\partial z}(\zeta, z_0) \int_{[z_0, z]} dw \right) d\zeta$$

$$= \int_\gamma \frac{\partial g}{\partial z}(\zeta, z_0)\, d\zeta$$

folgt

$$\left| \frac{F(z) - F(z_0)}{z - z_0} - \int_\gamma \frac{\partial g}{\partial z}(\zeta, z_0)\, d\zeta \right|$$

$$= \frac{1}{|z - z_0|} \left| F(z) - F(z_0) - \int_\gamma \left(\int_{[z_0, z]} \frac{\partial g}{\partial z}(\zeta, z_0)\, dw \right) d\zeta \right|$$

$$\stackrel{\text{s.o.}}{=} \frac{1}{|z - z_0|} \left| \int_\gamma \left(\int_{[z_0, z]} (\frac{\partial g}{\partial z}(\zeta, w) - \frac{\partial g}{\partial z}(\zeta, z_0))\, dw \right) d\zeta \right|$$

$$\leq \frac{1}{|z - z_0|} L(\gamma) \max_{\zeta \in T(\gamma)} \left| \int_{[z_0, z]} (\frac{\partial g}{\partial z}(\zeta, w) - \frac{\partial g}{\partial z}(\zeta, z_0))\, dw \right|$$

$$\leq L(\gamma) \max_{\zeta \in T(\gamma)} \left(\max_{w \in [z_0, z]} |\frac{\partial g}{\partial z}(\zeta, w) - \frac{\partial g}{\partial z}(\zeta, z_0)| \right) \stackrel{z \to z_0}{\to} 0$$

wegen der vorausgesetzten Stetigkeit von $\frac{\partial g}{\partial z}$ auf der kompakten Menge $T(\gamma) \times [z_0, z]$. ∎

Satz 5.9 (Cauchysche Integralformeln für konvexe Gebiete)
Es sei $G \subset \mathbb{C}$ ein konvexes Gebiet, γ ein geschlossener, stückweiser C^1-Weg in G und $f: G \to \mathbb{C}$ eine holomorphe Funktion. Dann gilt für alle $k \in \mathbb{N}_0$ und alle $z \in G \setminus T(\gamma)$ die Gleichung

$$n(z, \gamma) f^{(k)}(z) = \frac{k!}{2\pi i} \int_\gamma \frac{f(\zeta)}{(\zeta - z)^{k+1}}\, d\zeta$$

Beweis: Aus der Cauchyschen Integralformel (Satz 5.6) und dem Hilfssatz folgt die Behauptung durch Induktion über k. ∎

Nach Satz 5.2 ist die Funktion $F(z) = \int_\gamma \frac{\psi(\zeta)}{\zeta-z}\,d\zeta$ holomorph außerhalb $T(\gamma)$, wenn nur $\psi : T(\gamma) \to \mathbb{C}$ stetig ist. Es taucht die Frage auf, wie sich $F(z)$ verhält bei Annäherung von z an einen Punkt $\zeta_0 \in T(\gamma)$. Für die im Cauchyschen Integralsatz beschriebene Situation (also $\psi = f$ und f holomorph auf dem Gebiet $G \supset T(\gamma)$) ist folgendes klar: wird z aus ein und derselben Komponente K von $G \setminus T(\gamma)$ gewählt mit $n := n(z,\gamma)$ für alle $z \in K$, so gilt $F(z) \to 2\pi i f(\zeta_0)n$ für $z \to \zeta_0$. Im Fall von nur stetiger Belegung ψ des Trägers von γ ist im allgemeinen die Korrelation zwischen den Werten von ψ und dem Grenzwertverhalten von F bei Annäherung an einen Punkt $\zeta_0 \in T(\gamma)$ nicht so einfach. Wir betrachten dazu das Beispiel $\gamma(t) := \exp(it)$ ($t \in [0, 2\pi]$) und $\psi(\zeta) := \frac{1}{\zeta}$. Es ergibt sich:

$$F(z) = \int_\gamma \frac{d\zeta}{\zeta(\zeta-z)} = \frac{1}{z}\left(\int_\gamma \frac{d\zeta}{\zeta-z} - \int_\gamma \frac{d\zeta}{\zeta}\right)$$

$$= \frac{2\pi i}{z}\left(n(z,\gamma) - n(0,\gamma)\right)$$

Für $z \in \mathbb{D}$ gilt also $F(z) = 0$, und damit existiert auch der Limes $\psi^+(\zeta)$ von F für $z \to \zeta_0 \in \partial\mathbb{D}$, $z \in \mathbb{D}$ und verschwindet identisch auf $\partial\mathbb{D}$. Für $|z| > 1$ ist $F(z) = \frac{-2\pi i}{z}$ und damit $\psi^-(\zeta) = \lim_{\substack{z \to \zeta \\ |z|>1}} F(z) = \frac{-2\pi i}{\zeta}$. Daß hier gilt $\psi^+(\zeta) - \psi^-(\zeta) = 2\pi i \psi(\zeta)$ entspricht tatsächlich einem allgemeinen Sachverhalt (vgl. etwa I.I Priwalow: Randeigenschaften analytischer Funktionen S. 136).

Um diese Ergebnisse in der in Kapitel 2 eingeführten φ-Holomorphie darzustellen, ist der zugehörige Integralbegriff zu klären.
Ist φ eine Möbiustransformation mit $\varphi(z_0) = \infty$, γ ein Weg in $\overline{\mathbb{C}}$ und $g : Tr(\gamma) \to \overline{\mathbb{C}} \setminus \{z_0\}$ eine stetige Funktion, so sei

$$\int_\gamma g(z)\,d\varphi := \varphi^{-1}\left(\int_{\varphi \circ \gamma} \varphi\left(g(\varphi^{-1}(w))\right)dw\right)$$

Dieses Integral verhält sich ganz genauso wie das übliche komplexe Kurvenintegral, bezogen auf die von φ erzeugte Struktur. Es sei als Übung empfohlen, sich davon zu überzeugen und die entsprechende invariante Fassung der Cauchyschen Integralformel zu formulieren und herzuleiten.

Aufgaben:

14. Es sei $G \subset \mathbb{C}$ ein Gebiet und z_0, z_1 zwei Punkte so, daß die kompakte Verbindungsstrecke $I := [z_0, z_1]$ ganz in G liegt. Dann gilt: Ist $f : G \to \mathbb{C}$ eine stetige Funktion, die auf $G \setminus I$ holomorph ist, so ist f schon auf ganz G holomorph.

15. Es sei $R = \{z \in \mathbf{C} : 1 \leq |z| \leq 2\}$ und $f : R \to \mathbf{C}$ eine auf R holomorphe Funktion.

a) Falls zu jedem $\varepsilon > 0$ eine auf $\mathbf{C}$ holomorphe Funktion g existiert mit $|f(z) - g(z)| < \varepsilon$ für alle $z \in R$, so gilt

$$\int\limits_{|z|=1} f(\zeta)\, d\zeta = 0.$$

b) Die Umkehrung von a) ist nicht richtig.

c) Für jede auf $\overline{D}$ holomorphe Funktion h gilt: zu jedem $\varepsilon > 0$ gibt es eine auf $\mathbf{C}$ holomorphe Funktion g mit $|h(z) - g(z)| < \varepsilon$ für alle z mit $|z| \leq 1$.

d) Dieselbe Aussage bleibt noch richtig, wenn h auf D holomorph und auf $\overline{D}$ nur stetig vorausgesetzt ist.

Kapitel 6

Konsequenzen der Cauchyschen Integralformeln

Definition 6.1 *Die Funktion f sei holomorph in $z_0 \in \mathbb{C}$ und es gelte $f(z_0) = 0$. Dann hat f in z_0 eine Nullstelle der Ordnung m genau dann, wenn eine in z_0 holomorphe Funktion g existiert mit $g(z_0) \neq 0$ und $f(z) = g(z)(z - z_0)^m$ für alle z aus einer Umgebung von z_0.*

Bemerkung: f besitzt in z_0 genau dann eine Nullstelle m-ter Ordnung, wenn gilt

$$f(z_0) = f'(z_0) = f''(z_0) = \cdots = f^{(m-1)}(z_0) = 0 \quad \text{und} \quad f^{(m)}(z_0) \neq 0$$

(Potenzreihenentwicklung betrachten!).

Satz 6.1 (Isoliertheit der Nullstellen) *Es sei $G \subset \mathbb{C}$ ein Gebiet, $f : G \to \mathbb{C}$ holomorph und $f \not\equiv 0$. Dann besitzen die Nullstellen von f in G keinen Häufungspunkt.*

Beweis: Wir betrachten die Menge

$$A := \{z \in G : z \text{ ist Häufungspunkt von Nullstellen von } f\}$$

Behauptung 1: $B := G \setminus A$ ist offen.
Denn: Sei $z_0 \in B$. Dann gilt

$$\exists U_\varepsilon(z_0) \subset G \, \forall z \in U_\varepsilon(z_0) \setminus \{z_0\} : f(z) \neq 0$$

Also gilt erst recht

$$U_\varepsilon(z_0) \setminus \{z_0\} \subset B$$

Wegen $z_0 \in B$ folgt damit $U_\varepsilon(z_0) \subset B$ und damit die Offenheit von B.
Behauptung 2: A ist offen.

Denn sei $z_0 \in A$ gegeben. Wähle $\delta > 0$ so, daß $U_\delta(z_0) \subset G$ und

$$f(z) = \sum_{k=0}^\infty a_k(z-z_0)^k$$

für alle $z \in U_\delta(z_0)$ gilt.
Angenommen, es ist $a_0 = a_1 = \cdots = a_{m-1} = 0, a_m \neq 0$, dann ist

$$f(z) = (z-z_0)^m \underbrace{\sum_{k=0}^\infty a_{k+m}(z-z_0)^k}_{=:\ g(z)}$$

wobei $g(z_0) \neq 0$ ist. Wegen der Stetigkeit von g haben wir dann

$$\exists \varepsilon > 0 \forall z \in U_\varepsilon(z_0) \setminus \{z_0\} : f(z) \neq 0$$

Das hätte aber $z_0 \notin A$ zur Konsequenz und daher folgt $a_k = 0$ für alle $k \in \mathbb{N}_0$. Dann ist aber $f \equiv 0$ auf $U_\delta(z_0)$ und damit $U_\delta(z_0) \subset A$. Also ist A offen.
Insgesamt haben wir eine Zerlegung $G = A \cup B$ in zwei disjunkte, offene Mengen. Wäre nun keine der Mengen A, B leer, so widerspräche dies jedoch dem (topologischen) Zusammenhang von G. ∎

Satz 6.2 (Identitätssatz) *Es sei $G \subset \mathbb{C}$ ein Gebiet und $f, g : G \to \mathbb{C}$ holomorphe Funktionen. Falls eine injektive Folge $z_k \in G$ existiert, die*

1. *einen Häufungspunkt in G besitzt und*

2. *für die $f(z_k) = g(z_k)$ $(k \in \mathbb{N})$ gilt,*

so ist $f \equiv g$ in G.

Beweis: Die Nullstellen von $f - g$ häufen sich in $z_0 \in G$. Nach dem vorangegangenen Satz 6.1 folgt $f - g \equiv 0$ in G. ∎

Satz 6.3 (Cauchysche Abschätzungsformel) *Es sei $R > 0$ und $f : U_R(z_0) \to \mathbb{C}$ holomorph. Für jedes $r \in\ ]0, R[$ und $k \in \mathbb{N}_0$ gilt dann*

$$\left|f^{(k)}(z_0)\right| \leq \frac{M(r)}{r^k} k! \quad \text{mit } M(r) = \max_{|z-z_0|=r} |f(z)|$$

Beweis: Es gilt

$$\left|f^{(k)}(z_0)\right| = \left|\frac{k!}{2\pi i} \int_{|\zeta - z_0| = r} \frac{f(\zeta)}{(\zeta - z_0)^{k+1}} d\zeta\right|$$

$$\leq \frac{k!}{2\pi} \cdot 2\pi r \cdot \max_{|\zeta - z_0| = r} \left|\frac{f(\zeta)}{(\zeta - z_0)^{k+1}}\right| = \frac{k!}{r^k} M(r) \quad \blacksquare$$

Satz 6.4 *Es sei $G \subset \mathbb{C}$ ein Gebiet, $f : G \to \mathbb{C}$ holomorph und $z_0 \in G$. Dann besitzt die um z_0 konvergente Potenzreihenentwicklung von f mindestens den Konvergenzradius $R = \operatorname{dist}(z_0, \partial G)$.*

Beweis: Es sei $r < R$. Nach Satz 6.3 gilt

$$|a_k| = \frac{|f^{(k)}(z_0)|}{k!} \leq \frac{M(r)}{r^k}$$

$$\implies \sqrt[k]{|a_k|} \leq \frac{\sqrt[k]{M(r)}}{r} \implies \limsup \sqrt[k]{|a_k|} \leq \frac{1}{r}$$

Also ist der Konvergenzradius der Potenzreihe mindestens r. Da r beliebig $< R$ gewählt war, folgt die Behauptung. ∎

Korollar 1: *Ist f eine ganze (das heißt auf ganz $\mathbb{C}$ holomorphe) Funktion, so existiert für f und für jedes $z_0 \in \mathbb{C}$ eine Potenzreihenentwicklung um z_0 mit dem Konvergenzradius ∞.*

Korollar 2: *Konvergiert die Potenzreihe $f(z) = \sum_{n=0}^{\infty} a_n (z - z_0)^n$ für $|z - z_0| < r < +\infty$, so existiert keine offene Menge $G \supset \overline{U_r(z_0)}$ so, daß f auf G holomorph fortsetzbar ist. (Auf dem Rand des Konvergenzkreises liegt also mindestens ein Punkt, über den hinaus die Grenzfunktion nicht holomorph fortsetzbar ist.)*

Den nächsten Satz kann man so interpretieren: Eine ganze Funktion, deren Betrag höchstens von der Größenordnung eines Polynoms anwächst, ist ein Polynom.

Satz 6.5 *Es sei f eine ganze Funktion und es gebe Zahlen M, R so, daß für ein $n \in \mathbb{N}_0$ und alle $z \in \mathbb{C}$ mit $|z| \geq R$ gilt*

$$|f(z)| \leq M \cdot |z|^n$$

Dann ist f ein Polynom vom Grad höchstens n.

Beweis: Für $|z| = r \geq R$ und $k > n$ gilt nach der Cauchyschen Abschätzungsformel

$$|a_k| \leq \frac{M(r)}{r^k} \leq \frac{M \cdot r^n}{r^k} = \frac{M}{r^{k-n}} \to 0 \quad \text{für } r \to \infty$$

Also gilt $a_k = 0$ für $k > n$, und das gibt die Behauptung. ∎

Korollar: (Satz von Liouville) *Eine beschränkte ganze Funktion ist konstant.*

Satz 6.6 (Fundamentalsatz der Algebra)
Ein nicht konstantes Polynom $p(z) = \sum_{j=0}^{n} a_j z^j$ mit komplexen Koeffizienten und $a_n \neq 0$ besitzt in $\mathbb{C}$ genau n Nullstellen (mit Vielfachheit gezählt).

Beweis:
Behauptung 1: p besitzt in $\mathbb{C}$ überhaupt eine Nullstelle.
Denn: Wäre $p(z) \neq 0$ für alle $z \in \mathbb{C}$, so ist auch $f(z) := \frac{1}{p(z)}$ eine ganze Funktion. Für $n \geq 1$ und $a_n \neq 0$ gilt aber

$$|f(z)| = \frac{1}{|p(z)|} = \frac{1}{\left|z^n \cdot \underbrace{\sum_{j=0}^{n} a_j z^{j-n}}_{\to a_n \text{ für } |z| \to \infty}\right|} \to 0 \text{ für } |z| \to \infty$$

Also ist $f(z)$ beschränkt, und daher nach dem Satz von Liouville konstant, und somit wäre auch p konstant gewählt gewesen.

Behauptung 2: Ist z_0 eine Nullstelle von p, so existiert ein Polynom q mit $p(z) = (z - z_0)q(z)$.
Denn aus $p(z) = \sum_{j=0}^{n} a_j z^j = \sum_{j=0}^{n} a_j(z - z_0 + z_0)^j$ läßt sich mittels binomischer Formel und passender Umordnung die Entwicklung von p um z_0 gewinnen, und zwar in Gestalt der abbrechenden Potenzreihe $p(z) = \sum_{j=1}^{n} b_j(z - z_0)^j = (z - z_0) \cdot q(z)$ mit einem Polynom q vom Grad *kleiner* als n. ∎

Satz 6.7 (Maximumprinzip) *Es sei $G \subset \mathbb{C}$ ein Gebiet und $f : G \to \mathbb{C}$ sei holomorph. Falls die Funktion $|f|$ in G ein lokales Maximum annimmt, so ist f konstant.*

Beweis: Es sei $z_0 \in G$ ein lokales Maximum von $|f|$. Wähle $\varepsilon > 0$ mit $U_\varepsilon(z_0) \subset G$. Für $z \in U_\varepsilon(z_0)$ haben wir $f(z) = \sum_{k=0}^{\infty} a_k(z - z_0)^k$. Ist ε klein genug, so gilt $|f(z)| \leq |f(z_0)| = |a_0|$ für alle $|z - z_0| \leq r \leq \varepsilon$, und damit ist

$$|a_0|^2 = |f(z_0)|^2 \geq \frac{1}{2\pi} \int_0^{2\pi} |f(z_0 + re^{it})|^2 \, dt$$

$$\geq \frac{1}{2\pi} \int_0^{2\pi} \left(\sum_{k=0}^{\infty} a_k r^k e^{ikt}\right)\left(\sum_{j=0}^{\infty} \overline{a_j} r^j e^{-ijt}\right) dt$$

$$= \frac{1}{2\pi} \int_0^{2\pi} \sum_{k=0}^{\infty} \sum_{j=0}^{\infty} a_k \overline{a_j} r^{k+j} e^{i(k-j)t} \, dt$$

$$\stackrel{\text{gliedw. Int.}}{=} \sum_{k=0}^{\infty} |a_k|^2 r^{2k} = |a_0|^2 + \underbrace{\sum_{k=1}^{\infty} |a_k|^2 r^{2k}}_{=0,\text{ Maximum!}}$$

Also ist $a_k = 0$ für alle $k \geq 1$, und damit ist $f \equiv a_0$ in G. ∎

Satz 6.8 (Minimumprinzip) *Es sei $G \subset \mathbb{C}$ ein Gebiet und $f : G \to \mathbb{C}$ holomorph, nicht konstant und nullstellenfrei in G. Dann nimmt $|f|$ in G kein lokales Minimum an.*

Beweis: Wende das Maximumprinzip auf $\frac{1}{f}$ an. ∎

Bemerkung: Ist K ein kompakter Teil des Gebietes G, so muß $|f|$ als stetige Funktion natürlich ein Maximum (und ein Minimum) annehmen. Nach dem Maximumprinzip kann das Maximum nun aber nicht in einem inneren Punkt angenommen werden. Es muß daher auf dem Rand zu finden sein. Entsprechendes gilt für das Minimum, wenn f nicht konstant und nullstellenfrei in G ist.

Satz 6.9 (Casorati-Weierstraß) *Es sei $f : \mathbb{C} \to \mathbb{C}$ eine ganz- transzendente Funktion (das heißt, f ist ganz, aber kein Polynom). Dann existiert zu jedem $w_0 \in \mathbb{C}$ eine Folge $z_n \to \infty$ mit $f(z_n) \to w_0$.*

Bemerkung: *f kommt also in jeder Umgebung von ∞ jeder komplexen Zahl beliebig nahe.*

Beweis: Es sei f eine ganze Funktion. Wir nehmen an, die Behauptung sei nicht richtig, das heißt, es gilt

$$\exists w_0 \in \mathbb{C}\, \exists \varepsilon > 0\, \exists R > 0\, \forall z \in \mathbb{C} : |z| > R \Longrightarrow |f(z) - w_0| > \varepsilon$$

Gezeigt werden soll: dann ist f ein Polynom.
Die Funktion $g(z) := f(z) - w_0$ besitzt für $|z| \leq R$ nur endlich viele Nullstellen und ist außerhalb dieser Kreisscheibe nullstellenfrei. Die Nullstellen seien mit $z_1, \cdots, z_n$ bezeichnet, die zugehörigen Vielfachheiten mit $\nu_1, \cdots, \nu_n$. Weiter sei

$$F(z) := \frac{g(z)}{\prod_{j=1}^{n}(z-z_j)^{\nu_j}}$$

Dann ist F eine ganze Funktion ohne Nullstellen. Also ist $H = \frac{1}{F}$ ganz. Wegen

$$\left| \prod_{j=1}^{n}(z-z_j)^{\nu_j} \right| = |z|^{\sum_{j=1}^{n}\nu_j} \underbrace{\prod_{j=1}^{n}\left|1 - \frac{z_j}{z}\right|^{\nu_j}}_{\leq 2 \text{ für } |z|>R,\ R \text{ groß genug}}$$

Damit ergibt sich für $|z| > R$ die Abschätzung

$$|H(z)| \leq \frac{2}{\varepsilon}|z|^{\sum_{j=1}^{n}\nu_j}$$

Nach Satz 6.5 ist daher H ein Polynom. Weil aber $F = \frac{1}{H}$ ganz ist, muß H nullstellenfrei und somit konstant sein.
Dann ist g ein Polynom, und somit auch f. ∎

Satz 6.10 (Lemma von Schwarz) *Es sei $f : \mathbf{D} \to \mathbf{D}$ holomorph und es gelte $f(0) = 0$. Dann ist*

- *entweder $f(z) = e^{i\alpha} z$ für ein $\alpha \in \mathbf{R}$ und alle $z \in \mathbf{D}$,*
- *oder es gilt $|f'(0)| < 1$ und $|f(z)| < |z|$ für alle $z \in \mathbf{D}, z \neq 0$.*

Beweis: Es sei f nicht konstant (sonst wäre nämlich $f \equiv 0$). Wir schreiben

$$f(z) = a_1 z + a_2 z^2 + \cdots = f'(0)z + a_2 z^2 + \cdots$$

Somit ist

$$h(z) := \frac{f(z)}{z} = f'(0) + a_2 z + \cdots$$

holomorph in $\mathbf{D}$.
Für jedes $r \in]0,1[$ gilt nach dem Maximumprinzip

$$|z| \leq r \Rightarrow \left|\frac{f(z)}{z}\right| \leq \frac{\max_{|z|=r} |f(z)|}{r} \leq \frac{1}{r}$$

Für $r \to 1$ folgt damit $\left|\frac{f(z)}{z}\right| \leq 1$ für alle $z \in \mathbf{D}$. Das bedeutet:
Für alle $z \in \mathbf{D}$ gilt $|f(z)| \leq |z|$ und ($z = 0$ in h einsetzen) $|f'(0)| \leq 1$.
Falls h konstant ist ($= c$) so gilt $|c| \leq 1$, also gibt es in diesem Fall die Alternativen: $f(z) = e^{i\alpha}z$, wenn $c = e^{i\alpha}$ oder es ist $|f(z)| = |cz| < z$ für alle $z \in \mathbf{D}$.
Ist h nicht konstant, so folgt $|h(z)| < 1$ für alle $z \in \mathbf{D}$ aus dem Maximumprinzip, also auch wieder $|f(z)| < |z|$. Insbesondere gilt $|h(0)| = |f'(0)| < 1$ für nicht konstantes h. ∎

Der aus dem Reellen bekannte Satz, daß eine differenzierbare Funktion $f : [a, b] \to \mathbf{R}$ injektiv ist, wenn ihre Ableitung dort nirgends verschwindet, verliert im Komplexen seine Gültigkeit, wenn die Begriffe Intervall in Gebiet und differenzierbar in holomorph übersetzt werden. Das zeigt die Exponentialfunktion. Es gibt jedoch eine komplexe Entsprechung, deren Beweis sehr einfach mittels des komplexen Kurvenintegrals gegeben werden kann.

Satz 6.11 *Es sei $G \subset \mathbf{C}$ ein konvexes Gebiet, $f : G \to \mathbf{C}$ eine holomorphe Funktion und es gelte $\Re f'(z) > 0$ für alle $z \in G$. Dann ist f auf G injektiv.*

Bemerkung: Es kommt nur darauf an, daß die Werte von f' in einer offenen Halbebene H liegen mit $0 \notin H$. Im reellen Fall hat die Nullstellenfreiheit der Ableitung auf $[a, b]$ auch ohne Stetigkeit derselben die Konsequenz, daß ihre Werte sämtlich nur positiv oder nur negativ sind (Zwischenwerteigenschaft der Ableitung), was sich nun im Komplexen in der geforderten Halbebenen-Eigenschaft wiederspiegelt.

Beweis des Satzes: Es seien zwei Punkte $z_1 \neq z_2 \in G$ beliebig vorgegeben mit dem Ziel, $f(z_1) \neq f(z_2)$ zu beweisen.
Wir wählen ein Kompaktum $K \subset G$ mit $[z_1, z_2] \subset K$. Dann ist die Bildmenge $f'[K]$ ein kompakter Teil der rechten Halbebene und daher existiert ein $r > 0$ mit $|f'(z) - r| < r$ für alle $z \in K$. Nun ist

$$\begin{aligned}
|f(z_1) - f(z_2)| &= \left| \int\limits_{[z_1,z_2]} f'(\zeta)\, d\zeta \right| = \left| \int\limits_{[z_1,z_2]} (r + f'(\zeta) - r)\, d\zeta \right| \\
&\geq \left| \int\limits_{[z_1,z_2]} r\, d\zeta \right| - \left| \int\limits_{[z_1,z_2]} (f'(\zeta) - r)\, d\zeta \right| \\
&\geq r|z_2 - z_1| - \int\limits_0^1 |f'(z_1 + t(z_2 - z_1))(z_2 - z_1)|\, dt \\
&> r|z_2 - z_1| - \int\limits_0^1 r|z_2 - z_1|\, dt = 0
\end{aligned}$$

Daraus folgt die Behauptung. ∎

Aufgaben:

16. Untersuchen Sie, ob es eine ganze Funktion f gibt mit
    a) $f(\frac{1}{n}) = \frac{n^2+1}{n^2}$, b) $f(\frac{1}{n}) = (-1)^n \frac{1}{n^2}$, c) $f(1 - \frac{1}{n}) = f(\frac{1}{n} - 1) = \frac{1}{n}$
    für alle $n \in \mathbb{N}$.

17. Unter einem Automorphismus von **D** wird eine biholomorphe (d.h. eine umkehrbare und in beiden Richtungen holomorphe) Abbildung von **D** auf sich selbst verstanden.
    Zeigen Sie: Die Automorphismen von **D** sind genau die durch

    $$f(z) = e^{i\alpha} \frac{z - z_0}{z\overline{z_0} - 1}$$

    vermittelten Funktionen, wobei $\alpha \in \mathbb{R}$ und $z_0 \in \mathbf{D}$ frei wählbare Parameter sind. (Hinweis: Lemma von Schwarz.)

18. Für zwei Punkte $z, \zeta \in \mathbf{D}$ definieren wir einen Abstand zu

    $$d(z, \zeta) := \left| \frac{z - \zeta}{1 - z\overline{\zeta}} \right|$$

    Es sei $f : \mathbf{D} \to \mathbf{D}$ eine holomorphe Funktion. Beweisen Sie das Lemma von Schwarz-Pick: $d(f(z), f(\zeta)) \leq d(z, \zeta)$ für alle $z, \zeta \in \mathbf{D}$. In welchen Fällen tritt Gleichheit auf?

Kapitel 7

Der Cauchysche Integralsatz

Definition 7.1 *Es seien $\gamma_1, \cdots, \gamma_n$ geschlossene, stückweise C^1–Wege in $\mathbf{C}$. Jedem dieser Wege γ_j sei eine ganze Zahl n_j zugeordnet. Dann heißt die formale [1] Summe $\Gamma := \sum_{j=1}^n n_j \gamma_j$ ein Zykel. Die Summe zweier Zykel $\Gamma_1 := \sum_{j=1}^{n_1} n_{1_j} \gamma_{1_j}$ und $\Gamma_2 := \sum_{j=1}^{n_2} n_{2_j} \gamma_{2_j}$ sei die formale Summe*

$$\Gamma_1 + \Gamma_2 := \sum_{k=1}^{2} \sum_{j=1}^{n_k} n_{k_j} \Gamma_{k_j}$$

wobei es auf die Summandenreihenfolge nicht ankommen soll. Außerdem sei vereinbart $-\Gamma := \sum_{j=1}^{n} -n_j \gamma_j$ und $1 \cdot \gamma_j = \gamma_j$. Der Träger des Zykels Γ wie oben sei die Menge

$$T(\Gamma) := \bigcup_{j=1}^{n} T(\gamma_j)$$

und $L(\Gamma) := \sum_{j=1}^{n} |n_j| L(\gamma_j)$ seine Länge.
Ist $f : T(\Gamma) \to \mathbf{C}$ eine stetige Funktion, so setzen wir

$$\int_\Gamma f(z)\,dz := \sum_{j=1}^{n} n_j \int_{\gamma_j} f(z)\,dz$$

Für $z \in \mathbf{C} \setminus T(\Gamma)$ sei $n(z, \Gamma) := \sum_{j=1}^n n_j\, n(z, \gamma_j)$.

Die folgenden Überlegungen führen wir nicht nur für Gebiete, sondern gleich für beliebige offene Mengen $G \subset \mathbf{C}$ durch. Das bedeutet beweistechnisch überhaupt keinen Mehraufwand, hat aber im Hinblick auf spätere Anwendungen (z.B. in Kapitel 13) große Vorteile.

---

[1] *formal* bedeutet hier, daß das Summenzeichen nur wie eine Auflistung verwendet wird und die n_j haben den Charakter einer Gewichtung. Die Schreibweise wird sich später als praktisch herausstellen. So ähnlich verfährt man auch im täglichen Leben beim Schreiben eines Einkaufszettels.

Definition 7.2 *Es sei $G \subset \mathbb{C}$ eine offene Menge und Γ ein Zykel in G (d.h., es ist $T(\Gamma) \subset G$). Falls $n(z, \Gamma) = 0$ gilt für alle $z \notin G$, so heißt Γ nullhomolog in G. Zwei Zykel Γ_1, Γ_2 in G heißen homolog in G, falls $\Gamma := \Gamma_1 - \Gamma_2$ in G nullhomolog ist.*

Bemerkung: Ist σ ein (nicht notwendig geschlossener) Weg in G, so ist jedenfalls $n(z, (-\sigma) + \sigma) = 0$ sogar für alle $z \notin T(\sigma)$, wobei hier $+$ und $-$ in dem Sinn gemeint ist, wie es in Kapitel 5 für Wege definiert worden ist (das folgt sofort aus den Rechenregeln für Kurvenintegrale). Notieren wir nun der Deutlichkeit wegen das Negative von σ im Sinn von Definition 7.1 für Zykel als $\ominus\sigma$, so erhalten wir unter Beachtung der trivialen Beziehung $\ominus(\ominus\sigma) = \sigma$ die Erkenntnis, daß $\ominus\sigma$ zu $-\sigma$ homolog ist (in G). Die bisher nur formal verstandene Bildung $\ominus\sigma$ hat in $-\sigma$ damit eine Interpretation, die man „sehen kann", und jedenfalls dann repräsentativ ist, wenn man Wege ohnehin nur „bis auf Homologie" betrachten will. Deshalb soll in der Bezeichnungsweise ab sofort auch nicht mehr zwischen diesen beiden „Negationen" unterschieden werden.

Die folgende Abbildung zeigt ein Gebiet G, dessen Rand die Vereinigung der Träger der einfach geschlossenen Wege γ_1, γ_2 darstellt. Nach unserer obigen heuristischen Interpretation der Umlaufzahl ergeben sich für $\Gamma = \gamma_1 - \gamma_2$ die eingetragenen Werte ohne Rechnung. Der Zykel Γ ist somit nullhomolog in G, und damit sind die Wege γ_1 und γ_2 zueinander homolog. Zu beachten ist, daß *die Durchlaufrichtung* der Wege hierfür von entscheidender Bedeutung ist.

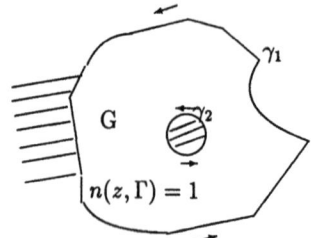

Schraffiert: $n(z, \Gamma) = 0$

Man kann sich plausibel machen, daß folgendes Anschauungsprinzip zutrifft: Sind $\gamma_1, \cdots, \gamma_n$ Wege mit paarweise disjunktem Träger und ist G ein Gebiet mit $\partial G = \bigcup_{j=1}^{n} T(\gamma_j)$, so ist $\Gamma = \sum_{j=1}^{n} \gamma_j$ genau dann nullhomolog, wenn die Wege alle so parametrisiert sind, daß G bei der Durchlaufung (mit wachsendem Parameterwert natürlich) **links** des Weges liegt.

Wir wollen auf eine Präzisierung dieses Prinzips hier verzichten, da wir es im Zuge des weiteren Ausbaus unserer Theorie nie verwenden werden. Es nützt aber oft sehr bei heuristischen Betrachtungen.

Hilfssatz: *Es sei $G \subset \mathbb{C}$ eine offene Menge und $f: G \to \mathbb{C}$ holomorph. Dann ist die Funktion*

$$g(z,\zeta) = \begin{cases} \dfrac{f(z) - f(\zeta)}{z - \zeta} & \text{für } \zeta \neq z \\ f'(z) & \text{für } \zeta = z \end{cases}$$

stetig auf $G \times G$.

Beweis: Die behauptete Stetigkeit ist nur auf der „Diagonalen" beweiswürdig. Es sei ein $a \in G$ gewählt und dazu ein $\delta > 0$ mit $U_\delta(a) \subset G$ sowie Punkte $z, \zeta \in U_\delta(a)$ fixiert.

Wir unterscheiden zwei Fälle.

1.Fall: $\zeta \neq z$
Dann ist $g(z,\zeta) = \frac{1}{z-\zeta} \int_{[\zeta,z]} f'(w)\, dw$, sowie $g(a,a) = \frac{1}{z-\zeta} \int_{[\zeta,z]} f'(a)\, dw$.

Für ein vorgegebenes $\varepsilon > 0$ darf gleich angenommen werden (f' ist ja stetig, da holomorph)

$$w \in U_\delta(a) \implies |f'(w) - f'(a)| < \varepsilon$$

Damit ist

$$|g(z,\zeta) - g(a,a)| = \left| \frac{1}{z-\zeta} \int_{[\zeta,z]} f'(w) - f'(a)\, dw \right| \leq \frac{1}{|z-\zeta|} |z-\zeta| \varepsilon = \varepsilon$$

2.Fall: $\zeta = z$
Zu gegebenem $\varepsilon > 0$ sei ein δ mit der obigen Eigenschaft erwählt. Dann ergibt sich

$$|g(z,\zeta) - g(a,a)| = |f'(\zeta) - f'(a)| < \varepsilon \qquad \blacksquare$$

Damit sind wir bei einem zentralen Satz der Funktionentheorie angelangt.

Satz 7.1 (Cauchy's Integralsatz und -formel) *Es sei $G \subset \mathbb{C}$ eine offene Menge und $f: G \to \mathbb{C}$ eine holomorphe Funktion sowie Γ ein nullhomologer Zykel in G. Dann gilt*

1.

$$\int_\Gamma f(\zeta)\, d\zeta = 0$$

2.

$$\int_\Gamma \frac{f(\zeta)}{\zeta - z}\, d\zeta = 2\pi i\, n(z, \Gamma) f(z)$$

für alle $z \in G \setminus T(\Gamma)$

Beweis: (nach J.D. Dixon: A brief proof of Cauchy's integral theorem. Proc. Amer. Math. Soc. 29 (1971), 625-626)
Wir zeigen zuerst die Richtigkeit der zweiten Gleichung.
Es sei g die Funktion wie im obigen Hilfssatz und

$$h(z) := \frac{1}{2\pi i} \int_\Gamma g(z,\zeta)\, d\zeta$$

gesetzt. Wegen der bewiesenen Stetigkeit des Integranden hat diese Bildung jedenfalls Sinn. Die Behauptung läßt sich dann formulieren als $h \equiv 0$. Wir untergliedern unsere Überlegungen in mehrere Teile:

I. Es sei $\Delta \subset G$ ein kompaktes Dreieck. Dann ist

$$\int_{\partial \Delta} h(z)\, dz = \frac{1}{2\pi i} \int_{\partial \Delta} \int_\Gamma g(z,\zeta)\, d\zeta\, dz$$

$$\stackrel{\text{Fubini}}{=} \int_\Gamma \underbrace{\int_{\partial \Delta} g(z,\zeta)\, dz}_{=0,\ \text{s. Kor. zu S. 5.4}}\, d\zeta = 0$$

Aus dem Satz von Morera folgt die Holomorphie von h auf G.

II. Es sei $G_0 := \{z \in \mathbb{C} \setminus T(\Gamma) : n(z,\Gamma) = 0\}$. Dann gilt

$$G_0 \cap G \neq \emptyset \wedge G_0 \cup G = \mathbb{C}$$

Die Funktion

$$h_0(z) := \frac{1}{2\pi i} \int_\Gamma \frac{f(\zeta)}{\zeta - z}\, d\zeta$$

ist für alle $z \notin T(\Gamma)$ holomorph (Satz 5.2), also auch in G_0.
Für $z \in G_0 \cap G$ ist

$$h(z) = \frac{1}{2\pi i} \int_\Gamma \frac{f(\zeta) - f(z)}{\zeta - z}\, d\zeta = h_0(z) - \frac{1}{2\pi i} \int_\Gamma \frac{f(z)}{\zeta - z}\, d\zeta$$

$$= h_0(z) - f(z) n(z,\Gamma) = h_0(z)$$

da $z \in G_0$.
Für alle $z \in G_0 \cap G$ gilt also $h(z) = h_0(z)$ \hfill $(*)$
Nun setzen wir

$$H(z) := \begin{cases} h(z) & \text{für} \quad z \in G \\ h_0(z) & \text{für} \quad z \in G_0 \end{cases}$$

Wegen $(*)$ und I. ist somit H eine ganze Funktion.

III. Es ist **für hinreichend großes** $|z|$

$$|H(z)| = |h_0(z)| = \left| \frac{1}{2\pi i} \int_\Gamma \frac{f(\zeta)}{\zeta - z} d\zeta \right| \leq \frac{L(\Gamma)}{2\pi} \max_{\zeta \in T(\Gamma)} \frac{|f(\zeta)|}{|\zeta - z|} < 1$$

Also ist H eine **beschränkte** ganze Funktion, und damit nach Liouville konstant. Durch Grenzübergang $z \to \infty$ in der obigen Ungleichung zeigt sich die Konstante. Es ist $H \equiv 0$.
Daraus folgt nun weiter $h \equiv 0$, und somit die Behauptung 2. des Satzes.
Behauptung 1. ergibt sich nun wie folgt:
Es sei $a \in G \setminus T(\Gamma)$. Mit $F(z) := (z-a)f(z)$ haben wir eine (mindestens) in G holomorphe Funktion vor uns und daher gilt nach 2.:

$$n(a, \Gamma)F(a) = 0 = \frac{1}{2\pi i} \int_\Gamma \frac{F(\zeta)}{\zeta - a} d\zeta = \frac{1}{2\pi i} \int_\Gamma f(\zeta) \, d\zeta \qquad \blacksquare$$

Definition 7.3 *Es sei $G \subset \mathbb{C}$ ein Gebiet, $a, b \in G$ und $\gamma_0, \gamma_1 : [0,1] \to G$ Wege mit $\gamma_0(0) = \gamma_1(0) = a$ und $\gamma_0(1) = \gamma_1(1) = b$. Die Wege heißen homotop, falls eine stetige Funktion $H : [0,1] \times [0,1] \to G$ existiert mit*

1) $H(0,t) = \gamma_0(t) \wedge H(1,t) = \gamma_1(t)$

2) $H(s,0) = a \wedge H(s,1) = b$

für alle $t, s \in [0,1]$. Die Abbildung H heißt dann eine Homotopie. Ein geschlossener Weg γ in G heißt nullhomotop, wenn er zu einem konstanten Weg homotop ist.
Ein Gebiet G heißt homotop einfach zusammenhängend, wenn jeder geschlossene Weg in G nullhomotop ist. Ein Gebiet G heißt homolog einfach zusammenhängend, falls jeder Zykel in G dort nullhomolog ist.

Bemerkung: Eine Homotopie ist eine stetige Verformung von Wegen innerhalb des Gebietes, die den einen in den anderen *verbiegt*, wobei Anfangs- und Endpunkt fest eingespannt bleiben.

Satz 7.2 *Es seien γ_0 und γ_1 geschlossene, stückweise C^1- Wege mit demselben Anfangs- bzw. Endpunkt in dem Gebiet $G \subset \mathbb{C}$. Ist γ_0 homotop zu γ_1, so ist γ_0 zu γ_1 homolog in G.*

Dieser Satz hat eine wichtige Konsequenz, die sich unmittelbar ablesen läßt:
Korollar: Jedes homotop einfach zusammenhängende Gebiet in $\mathbb{C}$ ist homolog einfach zusammenhängend.
Beweis (von Satz 7.2): Der Fall $G = \mathbb{C}$ ist trivial. Sei $G \neq \mathbb{C}$ angenommen und ein $a \notin G$ gewählt. Weiter sei ein $\varepsilon > 0$ gegeben mit

$$2\varepsilon < \text{dist}\,(a, H([0,1] \times [0,1]))$$

Wegen der gleichmäßigen Stetigkeit von H existiert ein $\delta > 0$ mit

$$|s-s'| < \delta \wedge |t-t'| < \delta \Longrightarrow |H(s,t) - H(s',t')| < \varepsilon$$

Nun sei $n \in \mathbb{N}$ festgehalten mit $\frac{1}{n} < \delta$.
Für $k = 0, \cdots, n$ approximieren wir die Kurve $H(\frac{k}{n}, t)$ durch einen Polygonzug:

$$p_k(t) := H\left(\frac{k}{n}, \frac{j-1}{n}\right)(j - nt) + H\left(\frac{k}{n}, \frac{j}{n}\right)(1 + nt - j)$$

für $t \in \left[\frac{j-1}{n}, \frac{j}{n}\right] =: I_j$ und $j = 1, \cdots, n$.

Also ist
$$|p_k(t) - H(\tfrac{k}{n},t)| \stackrel{t \in I_j}{=} \big| H(\tfrac{k}{n}, \tfrac{j-1}{n})(j-nt) + H(\tfrac{k}{n}, \tfrac{j}{n})(1+nt-j)$$
$$- H(\tfrac{k}{n}, t)(j - nt + 1 + nt - j) \big|$$
$$\leq \left| H(\tfrac{k}{n}, \tfrac{j-1}{n}) - H(\tfrac{k}{n}, t) \right|(j - nt) + \left| H(\tfrac{k}{n}, \tfrac{j}{n}) - H(\tfrac{k}{n}, t) \right|(1 + nt - j)$$
$$< \varepsilon(j - nt) + \varepsilon(1 + nt - j) = \varepsilon$$

Speziell erhalten wir daraus

1) $\quad |p_0(t) - \gamma_0(t)| < \varepsilon \stackrel{\text{Wahl von } a,\varepsilon}{<} |a - \gamma_0(t)|$

2) $\quad |p_n(t) - \gamma_1(t)| < \varepsilon < |a - \gamma_1(t)| \qquad (t \in [0,1])$

sowie auch

3) $\quad |p_{k-1}(t) - p_k(t)| \stackrel{t \in I_j}{\leq} \left| H(\tfrac{k-1}{n}, \tfrac{j-1}{n}) - H(\tfrac{k}{n}, \tfrac{j-1}{n}) \right|(j - nt)$

$$+ \left| H(\tfrac{k-1}{n}, \tfrac{j}{n}) - H(\tfrac{k}{n}, \tfrac{j}{n}) \right|(1 + nt - j)$$

$$< \varepsilon(j - nt) + \varepsilon(1 + nt - j) = \varepsilon = 2\varepsilon - \varepsilon$$

$$< \left| a - H(\tfrac{k}{n}, t) \right| - \left| H(\tfrac{k}{n}, t) - p_k(t) \right| \leq |a - p_k(t)|$$

Behauptung: Sind σ_0, σ_1 geschlossene Wege in G mit gleichem Anfangs- bzw. Endpunkt und gilt für alle $t \in [0,1]$ die Ungleichung

$$|\sigma_1(t) - \sigma_0(t)| < |a - \sigma_0(t)|$$

so ist $n(a, \sigma_0) = n(a, \sigma_1)$.

Bemerkung: Die Richtigkeit dieser Aussage wird sehr plausibel, wenn man etwa die folgende Deutung gibt: jemand macht mit seinem Hund einen Spaziergang, der an einer Leine gehalten wird, deren (variable) Länge stets kürzer ist als der momentane Abstand des Hundes zu einem (in a befindlichen) Baum. Es dürfte klar sein, daß die Anzahl der Umrundungen dieses Baumes durch Mensch und Hund nach Beendigung des Spazierganges gleichgewesen sein muß.)

Denn: Es sei gesetzt

$$\sigma(t) := \frac{\sigma_1(t) - a}{\sigma_0(t) - a} \qquad (t \in [0,1])$$

Dann ist

$$\sigma' = \frac{\sigma_1'(\sigma_0 - a) - \sigma_0'(\sigma_1 - a)}{(\sigma_0 - a)^2} = \frac{\sigma_1'}{\sigma_0 - a} - \frac{\sigma_0'(\sigma_1 - a)}{(\sigma_0 - a)^2}$$

und das liefert die Identität

$$\frac{\sigma'}{\sigma} = \frac{\sigma_1'}{\sigma_1 - a} - \frac{\sigma_0'}{\sigma_0 - a}$$

Nun ist nach Voraussetzung

$$|1 - \sigma(t)| = \left| \frac{\sigma_0(t) - a - \sigma_1(t) + a}{\sigma_0(t) - a} \right| = \left| \frac{\sigma_0(t) - \sigma_1(t)}{\sigma_0(t) - a} \right| < 1$$

und somit ist erkannt

$$T(\sigma) \subset U_1(1)$$

Insbesondere folgt $0 \notin T(\sigma)$ und wir erhalten

$$0 = n(0, \sigma) = \frac{1}{2\pi i} \int_\sigma \frac{d\zeta}{\zeta} = \frac{1}{2\pi i} \int_0^1 \frac{\sigma'(t)}{\sigma(t)} \, dt$$

$$= \frac{1}{2\pi i} \int_0^1 \frac{\sigma_1'(t)}{\sigma_1(t) - a} \, dt - \frac{1}{2\pi i} \int_0^1 \frac{\sigma_0'(t)}{\sigma_0(t) - a} \, dt$$

$$= \frac{1}{2\pi i} \int_{\sigma_1} \frac{d\zeta}{\zeta - a} - \frac{1}{2\pi i} \int_{\sigma_0} \frac{d\zeta}{\zeta - a} = n(a, \sigma_1) - n(a, \sigma_0)$$

Wir setzen den Beweis fort. Aus 1), 2), 3) ergibt sich mit der eben bewiesenen Behauptung

1. $n(a, p_0) = n(a, \gamma_0)$

2. $n(a, p_n) = n(a, \gamma_1)$

3. $n(a, p_{k-1}) = n(a, p_k) \qquad (k = 1, \cdots, n)$

Daraus folgt $n(a,\gamma_0) = n(a,\gamma_1)$, das heißt, $\Gamma := \gamma_0 - \gamma_1$ ist nullhomologer Zykel und der Satz ist bewiesen. ∎

Beispiele: 1. Konvexe Gebiete sind homotop einfach zusammenhängend.
2. $\mathbb{C} \setminus \{0\}$ ist *nicht* homotop einfach zusammenhängend.
In Kapitel 12 werden wir sehen, daß Gebiete „ohne Löcher" stets homolog einfach zusammenhängend sind.

Bemerkung: Nach Satz 7.2 ist jeder in G nullhomotope Weg dort auch nullhomolog. Die Umkehrung gilt **nicht**. Dies zeigt das folgende Beispiel: Hier ist das Gebiet G die Ebene ohne die beiden ausgefüllten Kreise.

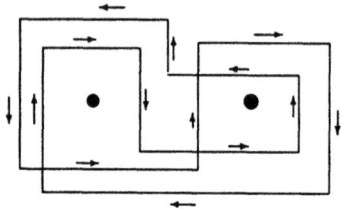

Wie man auf dieses Beispiel kommt, zeigen Untersuchungen der Algebraischen Topologie, wo Homotopie und Homologie genauer betrachtet werden. Die Homotopieklassen geschlossener Wege mit demselben Anfangspunkt bilden in kanonischer Weise (die Multiplikation zweier Klassen ist die Klasse des Produktweges, wobei darunter die Durchlaufung nacheinander verstanden wird) eine Gruppe, die dann nicht kommutativ ist, wenn das Komplement von G mindestens zwei Komponenten besitzt. Teilt man (im algebraischen Sinn) diese Gruppe durch ihre Kommutatoruntergruppe, so ist das Ergebnis isomorph zur (ersten) Homologiegruppe, deren Definition auch mit unserer Homologierelation gegeben werden könnte. Den Unterschied zwischen beiden Gruppen machen also die Kommutatorelemente der ersten aus, und der gezeichnete Weg repräsentiert ein solches.

Kapitel 8

Isolierte Singularitäten

Definition 8.1 *Eine Reihe der Gestalt*

$$F(z) = \sum_{k=-\infty}^{+\infty} a_k(z-z_0)^k := \sum_{k=0}^{\infty} a_k(z-z_0)^k + \sum_{k=1}^{\infty} a_{-k}(z-z_0)^{-k}$$

heißt Laurentreihe um den Entwicklungsunkt $z_0 \in \mathbb{C}$ mit den Koeffizienten $a_k \in \mathbb{C}$ ($k \in \mathbb{Z}$). Die Teilreihe $\sum_{k=-\infty}^{-1} a_k(z-z_0)^k$ heißt der Hauptteil der Laurentreihe $F(z)$.

Bemerkung: Es sei r der Konvergenzradius von $\sum_{k=0}^{+\infty} a_k(z-z_0)^k$ und R derjenige von $\sum_{k=1}^{+\infty} a_{-k}w^k = g(w)$. Dann konvergiert $F(z)$ für die z mit

$$|z-z_0| < r \wedge |w| = \frac{1}{|z-z_0|} < R$$

also im Kreisring $\frac{1}{R} < |z-z_0| < r$ Auf jedem kompakten Teil dieses Kreisrings ist die Konvergenz gleichmäßig und außerdem auf dem gesamten Kreisring absolut. Das folgt unmittelbar aus den entsprechenden Sachverhalten für Potenzreihen.

Satz 8.1 *Es sei f holomorph im Kreisring $G : \rho < |z-z_0| < r$. Dann läßt sich f um z_0 in eine (und nur eine) Laurentreihe entwickeln.*

Beweis: Ohne Einschränkung darf $z_0 = 0$ gewählt werden. Weiter seien Radien $\rho_1 > \rho$, $r_1 < r$ gewählt und damit die Kreisbewegungen

$$\omega_1(t) = \rho_1 e^{it}, \gamma_1(t) = r_1 e^{it}, (t \in [0, 2\pi])$$

definiert. Dann ist der Zykel $\gamma_1 - \omega_1$ nullhomolog in G, und somit folgt

$$f(z) = \frac{1}{2\pi i} \int_{\gamma_1-\omega_1} \frac{f(\zeta)}{\zeta-z} d\zeta = \underbrace{\frac{1}{2\pi i} \int_{\gamma_1} \frac{f(\zeta)}{\zeta-z} d\zeta}_{=:f_1(z)} - \underbrace{\frac{1}{2\pi i} \int_{\omega_1} \frac{f(\zeta)}{\zeta-z} d\zeta}_{=:f_2(z)}$$

Nach den Ergebnissen aus Kapitel 5 läßt sich f_1 in eine Potenzreihe entwickeln, die auf dem Kreis $|z| < r_1$ konvergiert. Wir dürfen also schreiben

$$f_1(z) = \sum_{n=0}^{\infty} a_n z^n \qquad (|z| < r_1)$$

Weiter ist

$$2\pi i f_2(z) = -\int_{\omega_1} \frac{f(\zeta)}{\zeta - z} d\zeta = \frac{1}{z} \int_{\omega_1} \frac{f(\zeta)}{1 - \frac{\zeta}{z}} d\zeta = \int_{\omega_1} \frac{f(\zeta)}{z} \sum_{\nu=0}^{\infty} \left(\frac{\zeta}{z}\right)^{\nu} d\zeta$$

und die Reihe im letzten Integral ist auf jedem kompakten Teil des Kreiskomplements $|z| > \rho_1$ gleichmäßig konvergent. Also darf wie folgt umgeformt werden

$$f_2(z) = \frac{1}{2\pi i} \frac{1}{z} \sum_{\nu=0}^{\infty} \frac{1}{z^{\nu}} \int_{\omega_1} f(\zeta) \zeta^{\nu} d\zeta =: \sum_{k=-1}^{-\infty} a_k z^k$$

Diese Überlegungen zeigen, daß sich $f(z)$ auf jedem Kreisring

$$\rho < \rho_1 < |z| < r_1 < r$$

in eine Laurentreihe entwickeln läßt. Cauchy's Integralsatz bzw. -formel zeigt nun darüber hinaus, daß der Wert der Koeffizienten a_k für $k \in \mathbf{Z}$ in Wirklichkeit nicht von den Radien ρ_1, r_1 abhängt. Daraus folgt die Behauptung. ∎

Definition 8.2 *Ein Punkt $z_0 \in \mathbf{C}$ heißt (isolierte) Singularität der Funktion f, falls eine Umgebung $U(z_0)$ so existiert, daß f auf $U(z_0) \setminus \{z_0\}$ holomorph ist. Dann besitzt f eine für $0 < |z - z_0| < r$ konvergente Laurententwicklung mit dem Hauptteil $H(z) = \sum_{k=-1}^{-\infty} a_k (z - z_0)^k$. Die Singularität z_0 heißt*

- *hebbar, falls $H \equiv 0$,*

- *ein Pol der Ordnung m, falls $a_{-m} \neq 0$ ist und $a_n = 0$ gilt für alle $n < -m$, sowie*

- *eine wesentliche Singularität sonst.*

Bemerkung: Sind p, q Polynome, so heißt $r = \frac{p}{q}$ eine rationale Funktion. Eine rationale Funktion besitzt keine wesentliche Singularität, sondern nur Polstellen und eventuell hebbare Singularitäten. Das gilt auch im Punkt ∞, wenn wir uns auf Definition 2.5 bzw. 2.6 beziehen.

Definition 8.3 *Die Funktion f besitze in $z_0 \in \mathbb{C}$ eine isolierte Singularität. Es sei $r > 0$ so gewählt, daß f auf $\overline{U_r(z_0)} \setminus \{z_0\}$ holomorph ist. Mit $\gamma(t) = re^{it}$ ($t \in [0, 2\pi]$) heißt die Zahl*

$$\text{res}(z_0, f) := \frac{1}{2\pi i} \int_\gamma f(\zeta)\, d\zeta$$

das Residuum von f in z_0.

Bemerkung: 1): $\text{res}(z_0, f)$ hängt nicht von der speziellen Wahl von r ab, wie der Cauchysche Integralsatz zeigt.

2): Ist $f(z) = \sum_{k=-\infty}^{+\infty} a_k (z - z_0)^k$ als Laurentreihe bekannt, so gilt

$$\text{res}(z_0, f) = a_{-1}$$

Dieses folgt aus der gleichmäßigen Konvergenz von Laurentreihen auf kompakten Teilen ihres Konvergenzbereiches und der Berechnung der Integrale über die einzelnen Summanden (die alle, mit Ausnahme dessen mit der Nummer $k = -1$, eine Stammfunktion besitzen!).

Wir kommen nun zu einem der bekanntesten Sachverhalte der Funktionentheorie, der überraschende Rückkopplungen zur reellen Analysis besitzt.

Satz 8.2 (Residuensatz) *Es sei $G \subset \mathbb{C}$ ein Gebiet und f holomorph in G mit Ausnahme isolierter Singularitäten z_k ($k \in N \subset \mathbb{N}$). Weiter sei Γ ein nullhomologer Zykel in G so, daß auf $T(\Gamma)$ keine Singularität von f liegt. Dann gilt*

$$\frac{1}{2\pi i} \int_\Gamma f(\zeta)\, d\zeta = \sum_{k \in N} n(z_k, \Gamma) \text{res}(z_k, f)$$

Beweis: Die Summe ist in Wirklichkeit endlich, da die Menge

$$\overline{\{z : n(z, \Gamma) \neq 0\}}$$

kompakt in G liegt und wegen der Isoliertheit nur endlich viele Singularitäten von f enthalten kann. Diese seien etwa die Punkte $z_1, \cdots, z_m$.
Nun wählen wir um jedes z_k ($k = 1, \cdots, m$) eine offene Kreisscheibe $K_k := U_{r_k}(z_k)$ so, daß f auf jeder Scheibe K_k holomorph ist mit Ausnahme des Mittelpunktes. Außerdem sollen die K_k paarweise disjunkt sein. Wir setzen

$$\Gamma^* := \Gamma - \sum_{k=1}^m n_k \gamma_k$$

wobei $\gamma_k(t) := r_k e^{it}$ ($t \in [0, 2\pi]$) und $n_k := n(z_k, \Gamma)$ gesetzt werden soll.

Dann ist Γ^* nullhomolog in $G \setminus \{z_1, \cdots, z_m, z_{m+1}, \cdots\}$. Der Cauchysche Integralsatz liefert daher

$$\frac{1}{2\pi i} \int_{\Gamma^*} f(\zeta)\, d\zeta = 0 = \frac{1}{2\pi i} \int_{\Gamma} f(\zeta)\, d\zeta - \sum_{k=1}^{m} n_k \frac{1}{2\pi i} \int_{\gamma_k} f(\zeta)\, d\zeta$$

Das zeigt die Richtigkeit der Behauptung. ∎

Der Residuensatz hat eine wichtige Anwendung, die man ihm nicht auf den ersten Blick ansieht: er gestattet oftmals eine elegante Berechnung reeller uneigentlicher Integrale, die bei rein reeller Betrachtungsweise nur schwer oder überhaupt nicht auszuwerten sind.

Beispiel: Ziel ist die Berechnung von $\displaystyle\int_{-\infty}^{+\infty} \frac{dx}{1+x^4}$ Der Integrand ist holomorph mit Ausnahme der isolierten Singularitäten (Polstellen jeweils 1. Ordnung)

$$z_0 = e^{i\frac{\pi}{4}},\ z_1 = e^{i\frac{3\pi}{4}},\ z_2 = e^{i\frac{5\pi}{4}},\ z_3 = e^{i\frac{7\pi}{4}}$$

Als Zykel wählen wir ($R > 1$ ist zunächst fest) den Weg

$$\gamma_R(t) = \begin{cases} Re^{2\pi i t} & \text{für } 0 \leq t \leq \frac{1}{2} \\ R(4t-3) & \text{für } \frac{1}{2} \leq t \leq 1 \end{cases}$$

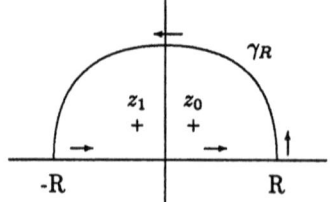

Dieser Weg besitzt die Umlaufzahl 1 bezüglich der Singularitäten z_0, z_1 und 0 sonst.
Zur Berechnung der Residuen geht man hier am besten so vor:
Es ist

$$f(z) = \frac{1}{1+z^4} = \frac{1}{z-z_0} \cdot \underbrace{\frac{1}{(z-z_1)(z-z_2)(z-z_3)}}_{=:\, g_0(z)}$$

wobei g_0 in z_0 holomorph ist, also eine Potenzreihenentwicklung $g_0(z) = g_0(z_0) + \cdots$ besitzt. Demnach besitzt f um z_0 eine Laurententwicklung der Form

$$f(z) = \frac{g_0(z_0)}{z-z_0} + \text{Potenzreihe um } z_0$$

Also gilt
$$\operatorname{res}(z_0, f) = g_0(z_0) = \frac{1}{(z_0 - z_1)(z_0 - z_2)(z_0 - z_3)}$$

Das andere relevante Residuum (in z_1) ergibt sich nun einfach durch Indexvertauschung.
Also ist

$$\int_{\gamma_R} f(z)\,dz = 2\pi i\,(\operatorname{res}(z_0, f) + \operatorname{res}(z_1, f)) = \underbrace{\int_{-R}^{R} f(x)\,dx}_{=: I_1} + \underbrace{\int_{0}^{\pi} \frac{iRe^{it}}{1 + R^4 e^{4it}}\,dt}_{=: I_2}$$

Es gilt $|I_2| \leq \pi \dfrac{R}{R^4 - 1} \to 0$ für $R \to \infty$, sowie $I_1 \to \displaystyle\int_{-\infty}^{\infty} \frac{dx}{1 + x^4}$ für $R \to \infty$.
Unter Berücksichtigung von $z_0 = -z_2$, $z_1 = -z_3$ erhält man durch eine elementare Rechnung den Wert

$$\int_{-\infty}^{+\infty} \frac{dx}{1 + x^4} = \frac{\pi}{2\cos\frac{\pi}{4}}$$

Satz 8.3 (Riemannscher Hebbarkeitssatz) *Es sei f holomorph im Gebiet $G \subset \mathbb{C}$ bis auf eine Singularität $z_0 \in G$. Es gebe eine Schranke c so, daß für alle $z \in G \setminus \{z_0\}$ gilt $|f(z)| \leq c$. Dann ist z_0 eine hebbare Singularität von f.*

Beweis: Es sei
$$h(z) = \begin{cases} (z - z_0)^2 f(z) & \text{für } z \neq z_0 \\ 0 & \text{für } z = z_0 \end{cases}$$

h ist holomorph für $z \neq z_0$. Weiter ist

$$\lim_{z \to z_0} \frac{h(z) - h(z_0)}{z - z_0} = \lim_{z \to z_0} \frac{(z - z_0)^2 f(z)}{z - z_0} \stackrel{f \text{beschränkt}}{=} 0$$

Also ist h in z_0 holomorph, damit auf ganz G, und es ist $h(z_0) = h'(z_0) = 0$. Die Funktion h besitzt also um z_0 eine Potenzreihenentwicklung

$$h(z) = \sum_{k=2}^{\infty} a_k (z - z_0)^k = (z - z_0)^2 \underbrace{\sum_{k=2}^{\infty} a_k (z - z_0)^{k-2}}_{=:\, g(z)}$$

Die Potenzreihe $g(z)$ ist holomorph auf einer Umgebung $U \subset G$ von z_0 und stimmt auf $U \setminus \{z_0\}$ mit f überein und liefert so die behauptete holomorphe Fortsetzung.
∎

Satz 8.4 (Argumentprinzip) *Es sei $G \subset \mathbb{C}$ ein Gebiet und Γ ein in G nullhomologer Zykel mit $0 \leq n(z, \Gamma) \leq 1$ für alle $z \notin T(\Gamma)$. Die Funktion f sei auf G meromorph und nicht konstant. Auf $T(\Gamma)$ liege weder eine Null- noch eine Polstelle von f. Bezeichnet N bzw. P die (mit Vielfachheit gezählte) Anzahl der Null- bzw. Polstellen von f in $H := \{z \notin T(\Gamma) : n(z, \Gamma) = 1\}$, so ist*

$$\frac{1}{2\pi i} \int_\Gamma \frac{f'(\zeta)}{f(\zeta)} d\zeta = N - P$$

Beweis: Nach dem Residuensatz reicht es, zu zeigen, daß für $F(z) := \frac{f'(z)}{f(z)}$ gilt

1. F ist auf H holomorph mit Ausnahme höchstens der Null- bzw. Polstellen von f (und diese Ausnahmestellen sind dann isolierte Singularitäten);

2. in jeder k-fachen Nullstelle von f hat F das Residuum k, in jeder k-fachen Polstelle von F das Residuum $-k$.

Zu 1): Es ist klar, daß F außerhalb der Null- bzw. Polstellen von f holomorph ist.

Zu 2): Es sei z_0 eine k-fache Nullstelle von f. Wir haben die Potenzreihenentwicklung

$$f(z) = a_k(z - z_0)^k + a_{k+1}(z - z_0)^{k+1} + \cdots \qquad (|z - z_0| < r)$$

und damit

$$\frac{f'(z)}{f(z)} = \frac{a_k k(z - z_0)^{k-1} + \cdots}{a_k(z - z_0)^k + \cdots} \qquad \text{für } 0 < |z - z_0| < \rho$$

$$= \frac{1}{z - z_0} \frac{k + \frac{a_{k+1}}{a_k}(k+1)(z - z_0) + \cdots}{1 + \frac{a_{k+1}}{a_k}(z - z_0) + \cdots}$$

$$= \frac{1}{z - z_0} \left(k + b_1(z - z_0) + \cdots \right)$$

Also gilt, wie behauptet, $\text{res}(z_0, \frac{f'}{f}) = k$.

Ist z_0 eine k-fache Polstelle von F, so folgt die Behauptung ganz analog durch Betrachtung der Laurentreihe

$$f(z) = a_{-k}(z - z_0)^{-k} + a_{-k+1}(z - z_0)^{-k+1} + \cdots$$

anstelle der Potenzreihe von oben.
Damit ist die Behauptung gezeigt. ∎

Satz 8.5 (Rouché) *Es seien f, g holomorph im Gebiet $G \subset \mathbb{C}$. Der Zyklus Γ sei nullhomolog in G und es gelte $0 \leq n(z, \Gamma) \leq 1$ für alle $z \notin T(\Gamma)$. Für alle $z \in T(\Gamma)$ sei*

$$(*) \qquad |f(z) + g(z)| < |f(z)| + |g(z)|.$$

Dann besitzen f und g in $H = \{z \notin T(\Gamma) : n(z, \Gamma) = 1\}$ dieselbe Anzahl von Nullstellen (mit Vielfachheit gezählt).

Beweis: Auf $T(\Gamma)$ gilt $g(z) \neq 0, f(z) \neq 0$ sowie

$$h(z) := \frac{f(z)}{g(z)} \notin \mathbb{R}_{\geq 0}$$

denn sonst würde in $(*)$ Gleichheit eintreten.

Für $t \geq 0$ sei $h_t(z) := \frac{f(z)}{g(z)} - t = h(z) - t$. Dann gilt also $h_t(z) \neq 0$ für alle $z \in T(\Gamma)$, und so hat die folgende Bildung Sinn:

$$I_t := \frac{1}{2\pi i} \int_\Gamma \frac{h_t'(z)}{h_t(z)} dz = \frac{1}{2\pi i} \int_\Gamma \frac{h'(z)}{h(z) - t} dz$$

Nach dem Argumentprinzip folgt nun $I_t = N_t - P_t$, wobei mit N_t bzw. P_t die Anzahl der Null- bzw. Polstellen von h_t in H bezeichnet ist. Aus der obigen Integralbeziehung sehen wir, daß I_t stetig von t abhängt. Da aber I_t nur ganzzahlige Werte annimmt, muß I_t konstant sein (vgl. die Überlegungen zur Umlaufzahl in Kapitel 5). Durch Grenzübergang erhalten wir durch Betrachtung des letzten Integrals die Gleichung $\lim_{t \to \infty} I_t = 0$. Damit ist überhaupt $I_t = 0$, also auch $N_0 = P_0$, was die Behauptung gibt (gemeinsame Nullstellen von f und g beeinträchtigen nicht die Richtigkeit der Aussage - worauf es ankommt, ist die Differenz der Nullstellenordnungen von Zähler und Nenner). ∎

Satz 8.6 *Es sei $G \subset \mathbb{C}$ ein Gebiet und $f : G \to \mathbb{C}$ holomorph und nicht konstant. Ist $z_0 \in G$ für f eine k-fache w_0-Stelle (das bedeutet, die Funktion $f(z) - w_0$ besitzt in z_0 eine k-fache Nullstelle), so gibt es Umgebungen $U_\delta(z_0)$ und $U_\epsilon(w_0)$ so, daß zu jedem $w \in U_\epsilon(w_0) \setminus \{w_0\}$ genau k verschiedene Punkte $z_1, \cdots, z_k \in U_\delta(z_0)$ existieren mit $f(z_j) = w$ für $j = 1, \cdots, k$.*

Beweis: Wähle $\delta > 0$ so, daß $\overline{U_\delta(z_0)} \subset G$ und $f'(z) \neq 0$ für $z \in U_\delta(z_0) \setminus \{z_0\}$ gilt, sowie (Isoliertheit der w_0-Stellen)

$$z \in \overline{U_\delta(z_0)} \wedge f(z) = w_0 \Longrightarrow z = z_0$$

Nun sei $g(z) := f(z) - w_0$. Dann ist

$$\epsilon := \min_{|z - z_0| = \delta} |g(z)| > 0.$$

Sei w gewählt mit $|w-w_0| < \varepsilon$. Dann gilt für alle z mit $|z-z_0| = \delta$ die Ungleichung

$$|w - w_0| = |w - f(z) + g(z)| < |g(z)|$$

Nach dem Satz von Rouché besitzen daher $g(z)$ und $w - f(z)$ dieselbe Anzahl von Nullstellen (mit Vielfachheit gezählt) in $U_\delta(z_0)$, also k viele. Nach der Voraussetzung an f' kann $w - f(z)$ für $w \neq w_0$ keine mehrfache Nullstelle dort besitzen. Daraus ergibt sich die Behauptung. ∎

Der nächste Satz wird sich als einfache Folgerung aus diesem Sachverhalt ergeben. Er ist jedoch keineswegs trivial, sondern postuliert eine charakteristische Abbildungseigenschaft holomorpher Funktionen, die in der Funktionentheorie ein gleichermaßen kräftiges wie häufig vorkommendes Argumentationsmittel darstellt.

Satz 8.7 (Gebietstreue) *Ist f eine auf dem Gebiet $G \subset \mathbb{C}$ holomorphe, nicht konstante Funktion, so ist die Bildmenge $f(G)$ ebenfalls ein Gebiet.*

Beweis: Es muß nur die Offenheit untersucht werden, denn den Zusammenhang (sowohl im Weg- wie im topologischen Sinn, vgl. Kapitel 0.1) erhalten schon alle stetigen Abbildungen. Nach Satz 8.6 existiert zu jedem $w_0 \in f(G)$ ein $\varepsilon > 0$ mit $U_\varepsilon(w_0) \subset f(G)$, woraus die Behauptung folgt. ∎

Zum Abschluß dieses Kapitels behandeln wir einen Sachverhalt, der unter dem Namen „Polverschiebung" in der komplexen Approximationstheorie eine wichtige Rolle spielt, der aber in anderem Zusammenhang (Kapitel 10) auch noch nützlich sein wird und außerdem allein für sich interessant ist. Wir leiten das Ergebnis in mehreren Schritten her.

1. Es seien Punkte $\zeta_0, \zeta_1 \in \mathbb{C}$ mit $|\zeta_0 - \zeta_1| < \delta$ und eine Zahl $\eta > 0$ gegeben sowie ein Weg $\sigma : [0,1] \to \mathbb{C}$ mit $\sigma(0) = \zeta_0, \sigma(1) = \zeta_1$ gewählt.
Behauptung: Es gibt ein Polynom p so, daß für alle $z \in \mathbb{C}$ gilt

$$\mathrm{dist}(z, T(\gamma)) > \delta \implies \left| \frac{1}{z - \zeta_0} - p\left(\frac{1}{z - \zeta_1}\right) \right| < \eta$$

Denn für diese z gilt $\left|\frac{\zeta_0 - \zeta_1}{z - \zeta_1}\right| < 1$ und damit ist

$$\frac{1}{z - \zeta_0} = \frac{1}{z - \zeta_1} \frac{1}{1 - \frac{\zeta_0 - \zeta_1}{z - \zeta_1}} = \frac{1}{z - \zeta_1} \sum_{k=0}^{\infty} \left(\frac{\zeta_0 - \zeta_1}{z - \zeta_1}\right)^k$$

Nun sei ein $n \in \mathbb{N}$ so groß gewählt, daß gilt

$$\left| \sum_{k=n+1}^{\infty} \left(\frac{\zeta_0 - \zeta_1}{z - \zeta_1}\right)^k \right| < \frac{\eta}{\delta}$$

Dann folgt mit $p(w) := w \cdot \sum_{k=0}^{n}(\zeta_0 - \zeta_1)^k w^k$ die Behauptung.

2. Mit den Bezeichnungen und Voraussetzungen von eben beweisen wir nun: ist q ein Polynom und $\rho > 0$, so kann ein Polynom Q so gefunden werden, daß gilt

$$\left| q(\frac{1}{z-\zeta_0}) - Q\left(\frac{1}{z-\zeta_1}\right) \right| < \rho$$

für alle z mit $dist(z, T(\gamma)) > \delta$.
Es sei $q(w) := \sum_{k=0}^{m} a_k w^k$ und p wie oben bestimmt (zu η). Für die z mit $dist(z, T(\gamma)) > \delta$ können wir eine gemeinsame obere Schranke c finden mit

$$|f(z)| := \left|\frac{1}{z-\zeta_0}\right| \leq c \text{ und } |g(z)| := \left|p\left(\frac{1}{z-\zeta_1}\right)\right| \leq c$$

Für $k \geq 1$ ist dann

$$|f^k - g^k| = \frac{|f^k - g^k|}{|f-g|}|f-g| = |\sum_{j=0}^{k-1} f^j g^{k-1-j}||f-g|$$

$$\leq k \cdot c^{k-1}|f-g| < k \cdot c^{k-1}\eta$$

Mit $Q(w) := \sum_{k=0}^{m} a_k p(w)^k$ erhalten wir damit die Abschätzung

$$\left| q\left(\frac{1}{z-\zeta_0}\right) - Q\left(\frac{1}{z-\zeta_1}\right) \right| \leq \sum_{k=0}^{m} |a_k| \left|\left(\frac{1}{z-\zeta_0}\right)^k - p\left(\frac{1}{z-\zeta_1}\right)^k\right|$$

$$< \sum_{k=1}^{m} |a_k| k c^{k-1}\eta < \rho$$

wenn η hinreichend klein gewählt war.

3. Nun seien wieder Punkte $\zeta_0, \zeta_1 \in \mathbb{C}$ gegeben und Zahlen $\delta > 0, \varepsilon > 0$ sowie $\gamma : [0,1] \to \mathbb{C}$ ein Weg mit $\gamma(0) = \zeta_0, \gamma(1) = \zeta_1$. Neu ist, daß keine Abstandsbedingung an die Punkte ζ_0, ζ_1 gestellt ist. Auch ohne diese Voraussetzung können wir nun zeigen:

Behauptung: Es gibt ein Polynom P so, daß für alle $z \in \mathbb{C}$ gilt

$$(*) \qquad dist(z, T(\gamma)) > \delta \Longrightarrow \left| q\left(\frac{1}{z-\zeta_0}\right) - P\left(\frac{1}{z-\zeta_1}\right) \right| < \varepsilon$$

Zum Beweis unterteilen wir das Intervall $[0,1]$ in Abschnitte

$$0 = t_0 < t_1 < \cdots < t_n = 1$$

so, daß für alle $j = 0, \cdots n-1$ gilt $|\gamma(t_j) - \gamma(t_{j+1})| < \delta$. Durch sukzessive Anwendung des obigen Ergebnisses mit den Daten

$$\zeta_0 := \gamma(t_j), \zeta_1 := \gamma(t_{j+1}) \text{ und } \rho := \frac{\varepsilon}{n-1}$$

Damit sind wir ganz nahe an dem angekündigten Resultat:

Satz 8.8 (Polverschiebung) *Es sei r eine rationale Funktion und $\zeta_0 \in \mathbb{C}$ eine Polstelle von r. Weiter sei $\zeta_1 \in \mathbb{C} \setminus \{\zeta_0\}$ und $\gamma : [0,1] \to \mathbb{C}$ ein Weg mit $\gamma(0) = \zeta_0, \gamma(1) = \zeta_1$ sowie ein $\varepsilon > 0$ gegeben. Dann existiert eine rationale Funktion R mit folgenden Eigenschaften*

1. *Ist $z \in \mathbb{C}$ mit $dist(z, Tr(\gamma)) > \varepsilon$ keine Polstelle von r, so gilt $|r(z) - R(z)| < \varepsilon$,*

2. *r und R besitzen in $\mathbb{C} \setminus \{\zeta_0, \zeta_1\}$ dieselben Polstellen (einschließlich gleicher Hauptteile), und*

3. *ζ_0 ist für R keine Polstelle.*

Bemerkung: *Man kann sich die Aussage des Satzes so vorstellen, daß die Polstelle ζ_0 von r längs des Weges γ in den Punkt ζ_1 verschoben wird und sich dabei die Werte von r für die z mit $dist(z, T(\gamma)) > \varepsilon$ nur wenig ändern.*

Beweis: Es sei H der Hauptteil der Laurententwicklung von r in ζ_0. Dann ist $r^* := r - H$ eine rationale Funktion, die außer in ζ_0 dieselben Polstellen (einschließlich Gleichheit der Hauptteile) wie r besitzt. $H(z)$ kann geschrieben werden als $q\left(\frac{1}{z-\zeta_0}\right)$ mit einem passenden Polynom q. Wie oben beschrieben existiert ein Polynom P mit (∗) für alle z mit $dist(z, T(\gamma)) > \delta := \varepsilon$. Mit $R(z) := r^*(z) + P\left(\frac{1}{z-\zeta_1}\right)$ folgt die Behauptung. ∎

Aufgaben:

19. Es sei $z_0 = 0$ eine isolierte Singularität der Funktion f und es gebe ein $r > 0$ mit $|f(z)| \leq |z|^{-1/2}$ für alle z mit $0 < |z| < r$. Zeigen Sie, daß dann z_0 eine hebbare Singularität für f sein muß.
    (Hinweis: $zf(z)$ betrachten und die Sätze von Goursat und Morera anwenden.)

20. Finden Sie die Laurent-Entwicklung der Funktion
    $$f(z) = \frac{1}{z^3 - z^2 + z - 1}$$
    in geeigneten Kreisringen mit dem Zentrum 0.

21. Es sei z_0 eine m-fache Polstelle der Funktion f. Beweisen Sie
    $$\text{res}(z_0, f) = \frac{1}{(m-1)!} \frac{d^{m-1}}{dz^{m-1}}[f(z)(z-z_0)^m]_{z=z_0}$$

22. Bestimmen Sie die Residuen der folgenden Funktionen in allen Singularitäten:
    a) $f(z) = z \sin z \sin \frac{1}{z}$
    b) $g(z) = \dfrac{\sin z}{z^2(z - \frac{\pi}{2})(z - \pi)}$.

23. Es sei $a > 0$ gegeben. Berechnen Sie Hauptteil und Residuum der Funktion
    $$f(z) = \frac{z \exp(iz)}{(z^2 + a^2)^2}$$
    im Punkt $z_0 = ia$.
    b) Bestimmen Sie unter Benutzung von a) das reelle Integral
    $$\int_0^\infty \frac{x \sin x}{(x^2 + a^2)^2} \, dx$$

24. Zeigen Sie mit Hilfe des Argumentprinzips:
    Ist f eine auf $\mathbf{D}$ holomorphe Funktion mit $f(z) \neq 0$ für alle $z \in \mathbf{D}$ und ist $|f|$ auf $\partial\mathbf{D}$ stetig fortsetzbar mit dem Wert 1, so ist f konstant.

25. Es sei $G \subset \mathbf{C}$ ein beschränktes Gebiet und f eine auf $\overline{G}$ stetige und auf G holomorphe Funktion.
    a) Beweisen Sie $\partial f(G) \subset f(\partial G)$.
    b) Geben Sie ein ein Beispiel für echte Inklusion in a).

26. Die Potenzreihen $f(z) = \sum_{k=0}^\infty a_k z^k$ und $g(z) = \sum_{k=0}^\infty b_k z^k$ seien konvergent für $|z| < 1$. Beweisen Sie die Integraldarstellung der Faltung (vgl. Aufg. 9)
    $$(f * g)(z) = \frac{1}{2\pi i} \int_{|\zeta|=r} f(\zeta) g\left(\frac{z}{\zeta}\right) \frac{d\zeta}{\zeta}$$
    für alle $0 < r < 1$ und $|z| < r$.

27. Zeigen Sie, daß die Funktion $f(z) := e^z + 5z^2 + 2$ in $\mathbf{D}$ genau zwei (verschiedene) Nullstellen besitzt.
    (Hinweis: Man zeige, daß für $|z| = 1$ gilt $|e^z| < 3$ und $3 \leq |5z^2 + 2|$ und wende den Satz von Rouché geeignet an.

28. Es sei $G \subset \mathbf{C}$ ein Gebiet und $z_0 \in \mathbf{C} \setminus \overline{G}$. Beweisen Sie, daß es zu jedem $\varepsilon > 0$ eine rationale Funktion r gibt mit $r(z_0) = 0$ und $|r(z) - 1| < \varepsilon$ für alle $z \in G$.

Kapitel 9

Lokale Umkehrung holomorpher Funktionen

Ist in einer Umgebung V eines Punktes $z_0 \in \mathbb{C}$ eine holomorphe Funktion erklärt mit $f'(z_0) \neq 0$, so existiert nach Satz 8.6 eine Umgebung $U_\rho(f(z_0))$ und eine Umgebung $U_\delta(z_0)$ mit: zu jedem $w \in U_\rho(f(z_0))$ gibt es *genau ein* $z \in U_\delta(z_0)$ mit $f(z) = w$. Auf der Menge

$$U := \{z \in U_\delta(z_0) : f(z) \in U_\rho(f(z_0))\}$$

ist f damit injektiv und es gilt $z_0 \in U$. Aus der Stetigkeit von f folgt die Offenheit von U.

Wir wählen ein $r > 0$ so, daß die abgeschlossene Kreisscheibe $K := \overline{U_r(z_0)}$ in U enthalten ist und setzen $\gamma(t) := z_0 + re^{2\pi i t}$ mit $t \in [0,1]$. Schließlich sei $\varepsilon > 0$ so klein gewählt, daß die Umgebung $U_\varepsilon(f(z_0))$ keinen Punkt des Trägers der Bildkurve $f \circ \gamma$ enthält. Wegen der Injektivität von f auf K ist das für alle hinreichend kleinen $\varepsilon > 0$ richtig.

Die Funktion f nimmt also in K jeden Wert $w \in U_\varepsilon(f(z_0))$ an, *und zwar genau einmal*.

Nach dem Argumentprinzip gilt daher

$$1 = \frac{1}{2\pi i} \int_\gamma \frac{f'(\zeta)}{f(\zeta) - w} d\zeta = \frac{1}{2\pi i} \int_0^1 \frac{f'(\gamma(t))\gamma'(t)}{f(\gamma(t)) - w} dt$$

$$= \frac{1}{2\pi i} \int_{f\circ\gamma} \frac{1}{\zeta - w} d\zeta = n(w, f \circ \gamma)$$

für alle $w \in U_\varepsilon(f(z_0))$.

Wir formulieren nun den

Satz 9.1 (Lokale Umkehrbarkeit) *Es sei f holomorph in einer Umgebung V von $z_0 \in \mathbb{C}$ und es gelte $f'(z_0) \neq 0$. Dann gibt es Umgebungen $U_\delta(z_0)$ und*

$U_\varepsilon(f(z_0))$ so, daß zu jedem $w \in U_\varepsilon(f(z_0))$ genau ein $z \in U_\delta(z_0)$ existiert mit $f(z) = w$. Die so zu definierende Abbildung

$$f^{-1}(w) := \begin{cases} U_\varepsilon(f(z_0)) & \to & U_\delta(z_0) \\ w & \to & z \end{cases}$$

ist holomorph in $U_\varepsilon(f(z_0))$ und es gilt

$$f^{-1}(w) = \frac{1}{2\pi i} \int_\gamma \frac{\zeta f'(\zeta)}{f(\zeta) - w} \, d\zeta$$

wobei γ einen einfach durchlaufenen Kreis in V so beschreibt, daß für alle $w \in U_\varepsilon(f(z_0))$ gilt $n(w, f \circ \gamma) = 1$. Außerdem existiert eine Umgebung U von z_0 so, daß $f|U : U \to f(U)$ eine biholomorphe oder konforme Abbildung (das heißt, eine umkehrbare holomorphe Abbildung mit holomorpher Umkehrung) ist.

Beweis: Der erste Teil ist nach der Vorbemerkung klar.
Die Integralformel für f^{-1} errechnet sich wie folgt:
Es sei $w = f(z)$ und $f(\zeta) = w + a_1(\zeta - z) + \cdots$ die Potenzreihenentwicklung von f um z. Wegen des beschriebenen Werteverhaltens gilt $a_1 = f'(z) \neq 0$, da andernfalls $w = f(z)$ mehr als einmal in $U_\delta(z_0)$ angenommen würde. Dann ist

$$\frac{\zeta f'(\zeta)}{f(\zeta) - w} = \frac{\zeta(a_1 + 2a_2(\zeta - z) + \cdots)}{a_1(\zeta - z) + \cdots}$$

$$= \frac{z(a_1 + 2a_2(\zeta - z) + \cdots) + (\zeta - z)(a_1 + 2a_2(\zeta - z) + \cdots)}{(\zeta - z)(a_1 + \cdots)}$$

$$= \frac{a_1 z + b_1(\zeta - z) + \cdots}{a_1(\zeta - z)(1 + \cdots)}$$

$$= \frac{z + \frac{b_1}{a_1}(\zeta - z) + \cdots}{(\zeta - z)(1 + \cdots)} = \frac{z}{\zeta - z} + \sum_{j=0}^\infty c_j(\zeta - z)^j$$

Aus dem Residuensatz folgt nun unmittelbar die behauptete Formel.
Nach dem Hilfssatz nach Satz 5.8 (über Parameterintegrale) ersehen wir die Holomorphie von $f^{-1}(w)$ für $w \in U_\varepsilon(f(z_0))$. Der Rest über die biholomorphe Abbildung $f|U \to f(U)$ ist nun nach der Vormerkung klar. ∎

Beispiele: 1) Wir betrachten $f(z) = e^z$
Wegen $f'(z) \neq 0$ ($z \in \mathbb{C}$) läßt sich überall eine lokale Umkehrung dieser Funktion vornehmen. Zwecks genauerer Untersuchung setzen wir $w = e^z = re^{i\alpha}$. Dann ist (ln bezeichnet den reellen natürlichen Logarithmus)

$$e^{\ln r + i\alpha} = e^{\ln r} e^{i\alpha} = re^{i\alpha} = w$$

Also wird durch

$$w \to \ln r + i \arg w$$

lokal eine Umkehrung von f gegeben.
Umgekehrt: Ist $z = x + iy$, so gilt $w = e^x \cdot e^{iy}$, also ist $|w| = e^x$, somit $x = \ln|w|$ und $y = \arg w$.
Wie lokal ist nun diese lokale Umkehrung? Es gilt: $\arg w$ ist in jedem w-Gebiet G eindeutig erklärbar (*erklärt* aber nur modulo $2\pi \mathbf{Z}$), in dem kein Umlauf der 0 möglich ist. Also gilt: f^{-1} läßt sich in jedem einfach zusammenhängenden Gebiet G mit $0 \notin G$ erklären, und zwar als eine holomorphe Funktion $\log : G \to \mathbf{C}$. Für ein und dasselbe G unterscheiden sich zwei dieser dort zu definierenden Umkehrfunktionen nur um eine Konstante $2\pi ik$ mit einem $k \in \mathbf{Z}$.
Gilt $\mathbf{R}_{>0} \subset G$, so heißt

$$\log w = \ln|w| + i(2\pi k + \arg w)$$

der k-te Zweig des Logarithmus, wenn $\arg w = 0$ für $w \in \mathbf{R}_{>0}$ gezählt wird. Der Zweig für $k = 0$ heißt der Hauptzweig. Jeder feste Zweig ist definiert etwa auf der geschlitzten Ebene $\mathbf{C} \setminus \mathbf{R}_{\leq 0}$. Auf der negativen reellen Achse $\mathbf{R}_{<0}$ existiert jeweils noch eine stetige Fortsetzung entweder „von unten" oder „von oben". Dies wird gleich noch von Bedeutung sein.
2) Es sei ein Gebiet G mit den oben beschriebenen Eigenschaften gewählt und es gelte $1 \in G$. Durch

$$h(z) := \int_1^z \frac{d\zeta}{\zeta}$$

wird eine in G holomorphe Funktion vermittelt, wobei der Integrationsweg beliebig in G gewählt werden darf (Cauchyscher Integralsatz).
Wir stellen zunächst fest, daß $h'(z) = \frac{1}{z}$ für alle $z \in G$ gilt: um jedes feste z existiert eine Umgebung U und (Potenzreihenentwicklung betrachten!) eine dort erklärte Stammfunktion $F(z)$ zum Integranden $\frac{1}{z}$. Es ist dann also für $\xi \in U$:

$$\int_{[\xi,z]} \frac{d\zeta}{\zeta} = F(z) - F(\xi) = h(z) - h(\xi)$$

Teilen durch $z - \xi$ und Grenzübergang zeigt die Behauptung.
Damit erhalten wir

$$\left(ze^{-h(z)}\right)' = e^{-h(z)} - zh'(z)e^{-h(z)} = (1 - zh'(z))e^{-h(z)} = 0$$

Somit ist $ze^{-h(z)}$ konstant und damit identisch 1, wie Einsetzen von $z = 1$ zeigt. Es gilt also die Beziehung

$$z = e^{h(z)} \quad (z \in G)$$

und somit auch

$$h(z) = \log z = \int_1^z \frac{d\zeta}{\zeta}$$

Einsetzen von $z = 1$ zeigt, daß unter log hier der Hauptzweig zu verstehen ist.
Es gibt noch eine andere Schlußweise, um dieses Ergebnis zu erhalten. Aus der reellen Analysis ist bekannt

$$\ln x = \int_1^x \frac{dt}{t} = h(x)$$

für $x > 0$ wegen der erwähnten Wegunabhängigkeit des Integrals. Die Holomorphie von h auf G wurde schon oben begründet und damit ist $H := e^h$ eine auf G holomorphe Funktion mit $H(x) = e^{\ln x} = x$ für alle $x > 0$. Aus dem Identitätssatz folgt wie oben $H(z) = z$ für alle $z \in G$ und somit wieder $h(z) = \log z$.

3) Wir betrachten nun näher die Verwandtschaft der einzelnen Zweige des komplexen Logarithmus. Oben haben wir festgestellt, daß jeder Zweig als holomorphe Funktion erklärt ist auf der geschlitzten Ebene $\mathbb{C} \setminus \mathbb{R}_{\leq 0}$. Wir fassen diesen Sachverhalt nun so auf, daß wir dem k-ten Zweig des Logarithmus ein ihm reserviertes Exemplar von $\mathbb{C} \setminus \mathbb{R}_{\leq 0}$ zueignen, daß wir als *das k-te Blatt B_k* bezeichnen. Zum Verhalten bei Annäherung an einen Punkt $x < 0$ des Schlitzes ist folgendes festzustellen:
Der k-te Zweig besitzt für $z \to x$ mit $\Im z > 0$ („von oben") den Grenzwert

$$L_{k\downarrow}(x) = \ln |x| + i(2\pi k + \pi)$$

und für $z \to x$ mit $\Im z < 0$ („von unten") den Grenzwert

$$L_{k\uparrow}(x) = \ln |x| + i(2\pi k - \pi) = L_{k\downarrow}(x) - 2\pi i$$

Dies stellt aber auch eine Beziehung zwischen den verschiedenen Zweigen her. Wir stellen nämlich fest:

$$(*) \quad L_{k+1\uparrow}(x) = L_{k\downarrow}(x)$$

Es ist also möglich, die verschiedenen Logarithmus-Zweige zu verheften gemäß dieser Feststellung. Realisiert werden kann das offenbar durch eine passende „Verklebung" der Blätter B_k. Was muß geschehen, um (*) hier in die Tat umzusetzen? Wenn wir uns im Blatt B_{k+1} von oben (aus dem „dritten Quadranten") gegen die negative reelle Achse bewegen, so kommen wir auf Blatt B_k im „zweiten Quadranten" wieder heraus.
Auf eine Darstellung dieser Idee in letzter mathematischer Strenge soll hier verzichtet werden (man sollte sich jedoch klarmachen, daß es um die Erklärung einer passenden Topologie gehen würde, um die Definition von Nachbarschaften (Umgebungen, engl. *neighborhoods*).
Wir schneiden also die Ebene längs der negativen reellen Achse auf und erhalten so ein *oberes* und ein *unteres Ufer* der negativen reellen Achse. Nun verheften wir (mit Klebeband) das untere Ufer des Blattes mit der Nummer $k + 1$ mit dem oberen Ufer des Blattes mit der Nummer k. Wenn dies so für alle $k \in \mathbb{Z}$

so gemacht wird, so entsteht eine *Wendelfläche*, die als die *Logarithmusfläche* bezeichnet wird.
Wir stellen fest, daß sich die einzelnen Zweige des komplexen Logarithmus (die lokalen Umkehrungen der komplexen Exponentialfunktion) durch diese Betrachtungsweise wieder

zu einer einzigen Funktion zusammenfügen, deren Definitionsbereich allerdings nicht mehr ein Teil der Ebene, sondern die Logarithmusfläche ist.

Diese erweiterte Betrachtungsweise des Definitionsbereiches einer zunächst nur lokal erklärten holomorphen Funktion stammt von B. Riemann. Sie kann natürlich auch in anderen Situationen als im speziellen Fall des Logarithmus hilfreich sein (wir lernen auch gleich noch ein Beispiel kennen). Die entstehenden Gebilde werden als **Riemannsche Flächen** bezeichnet.

4) Wie im Reellen wird die allgemeine Potenz z^a für $a \in \mathbb{C}$ und $z \neq 0$ definiert als
$$z^a := \exp(a \log z)$$
und dieser Ausdruck ist damit dort erklärt, wo der Logarithmus erklärt ist. Die Zuordnung $f(z) = z^a$ kann somit auch aufgefaßt werden als eine Abbildung der Logarithmusfläche in die komplexe Ebene (oder natürlich auch als Funktion auf der geschlitzten Ebene $\mathbb{C} \setminus \mathbb{R}_{\leq 0}$, wenn man sich damit zufriedengeben will. In diesem Fall ist es üblich, unter log den Hauptzweig zu verstehen).

Für spezielle Werte des Exponenten a läßt sich der Definitionsbereich jedoch vereinfachen. Dies ist wie folgt zu sehen. Wir betrachten den Fall $a = \frac{1}{n}$ mit einem $n \in \mathbb{N}$, also $f(z) = \sqrt[n]{z}$. Zu festem z hat der $k-te$ Logarithmus-Zweig den Wert
$$\log_k = \ln|z| + i(2\pi k + \arg z)$$
wie oben vereinbart.
Daraus folgt
$$\exp\left(\frac{\log_k}{n}\right) = \exp(\frac{\log_{n+k}}{n})$$
für alle $k \in \mathbb{Z}$. Es werden also alle Werte von $f(z)$ schon angenommen für die z aus den Blättern $B_0, B_1, \cdots, B_{n-1}$, der Rest ist periodische Wiederholung. Diesem Verhalten wird Rechnung getragen, wenn wir die Blätter B_{jn+k} mit $k \in \{0, \cdots, n-1\}, j \in \mathbb{Z}$ identifizieren mit dem Blatt B_k.

KAPITEL 9. UMKEHRUNG HOLOMORPHER FUNKTIONEN

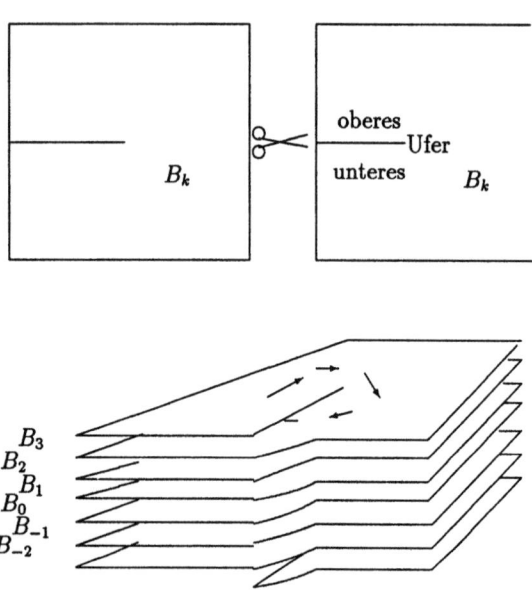

Die Logarithmusfläche

Als „Bastelanleitung" sieht das dann so aus: Verhefte die Blätter $B_0, \cdots, B_{n-1}$ wie zur Logarithmusfläche beschrieben. Dann ist das „obere Ufer" von B_{n-1} wie auch das „untere Ufer" von B_0 frei. Die obige Überlegung zeigt nun aber: nähern wir uns einem Punkt $x < 0$ auf dem unteren Ufer von B_0 von unten, so erhalten wir denselben Grenzwert wie bei Annäherung an den entsprechenden Punkt x des oberen Ufers auf B_{n-1} von oben. Dem entspricht also eine Verheftung der entsprechenden Punkte dieser beiden Ufer. Allerdings kann man diese Verklebung im $\mathbf{R}^3$ nicht realisieren ohne „Selbstdurchdringungen" . Aber der dieser Funktion f adäquate Definitionsbereich ist dadurch beschrieben. Diese Riemannsche Fläche heißt die ($n$te) *Wurzelfläche*.

Zum Schluß dieses Kapitels behandeln wir noch einen Sachverhalt, den man in gewisser Weise als Umkehrung der Aussage „die Exponentialfunktion besitzt keine Nullstellen" ansehen könnte. Jede in einem Gebiet nullstellenfreie Funktion läßt sich wie folgt „als Exponentialfunktion" schreiben.

Satz 9.2 *Es sei $G \subset \mathbf{C}$ ein einfach zusammenhängendes Gebiet und $f : G \to \mathbf{C}$ eine holomorphe Funktion mit $f(z) \neq 0$ für alle $z \in G$. Dann existiert eine holomorphe Funktion $h : G \to \mathbf{C}$ so, daß $f(z) = e^{h(z)}$ für alle $z \in G$ gilt.*

Beweis: Die Funktion $g(z) = \frac{f'(z)}{f(z)}$ ist auf G holomorph. Zu g wählen wir eine Stammfunktion

$$H(z) = \int_{\gamma_z} g(z)\,dz$$

wobei γ_z ein Weg in G ist, der einen festen Punkt $z_0 \in G$ mit z verbindet (das zeigt dieselbe Argumentation wie in Beispiel 2 oben). Dann ist

$$(f \cdot e^{-H})' = (f' - H'f)e^{-H} \equiv 0$$

Also ist fe^{-H} konstant gleich $c \neq 0$ in G. Wir suchen ein $d \in \mathbb{C}$ mit $c = e^d$ und erhalten die Behauptung mit $h(z) = H(z) + d$. ∎

Aufgaben:

29. Es gibt keine biholomorphe Abbildung f von $G := \mathbb{D} \setminus \{0\}$ auf das Ringgebiet $R := \{z \in \mathbb{C} : 1 < |z| < 2\}$. Zeigen Sie das in mehreren Schritten:

    a) f ließe sich dann zu einer holomorphen Abbildung $f^* : \mathbb{D} \to R$ fortsetzen.

    b) f^* müßte ebenfalls eine biholomorphe Abbildung sein.

    c) Andererseits kann $f^* : \mathbb{D} \to R$ nicht biholomorph sein, wenn schon $f : G \to R$ dies ist.

30. Beschreiben Sie eine Riemannsche Fläche für $\sqrt{(z-a)(z-b)}$ mit $a, b \in \mathbb{C}, a \neq b$.

31. Für $0 < \lambda$ wird durch $\sigma(z) := 1 - (1-z)^\lambda$ eine Funktion $\sigma : \mathbb{D} \to \mathbb{C}$ definiert.

    a) Begründen Sie, daß σ auf $\mathbb{D}$ holomorph und auf $\overline{\mathbb{D}}$ stetig ist.

    b) Skizzieren Sie das Bild $\sigma(\mathbb{D})$ für kleine $\lambda > 0$. Welcher Teil von $\mathbb{D}$ wird „in die Nähe" von 1 und welcher wird „in die Nähe" von 0 abgebildet bei kleinem λ?

    c) Beweisen Sie, daß σ auf $\mathbb{D}$ injektiv ist (Satz 6.11 anwenden). Eine auf einem Gebiet injektive und holomorphe Funktion heißt dort *schlicht*.

    d) Für $n \in \mathbb{N}$ und $j = 0, \ldots, n-1$ sei $\epsilon_j = e^{\frac{2\pi i j}{n}}$. Zeigen Sie, daß durch

    $$S(z) := \sum_{j=0}^{n-1} \frac{\sigma(z\epsilon_j)}{\epsilon_j}$$

    ebenfalls eine schlichte Funktion auf $\mathbb{D}$ gegeben ist (Satz 6.11 zunächst für die einzelnen Summanden anwenden). Wie sieht das Bild aus, wenn $\lambda > 0$ klein ist?

32. Es sei $f(z) = z + \sum_{k=2}^{\infty} a_k z^k$ eine in $\mathbb{D}$ holomorphe Funktion mit $|f'(z)| > r > 0$ für alle $z \in \mathbb{D}$. Beweisen Sie, daß dann schlicht ist auf der Kreisscheibe $|z| < r$. Dazu können Sie wie folgt vorgehen (nach V.-R. Kasten):

    a) Finden Sie eine Möbiustransformation φ, die $|z| > r$ auf $\mathbb{D}$ abbildet.

    b) Verbessern Sie die in $\mathbb{D}$ gültige Ungleichung $|\varphi(f'(z))| < 1$ mit Hilfe des Schwarzschen Lemmas.

    c) Vereinfachen Sie diese verbesserte Ungleichung für $|z| < r$ und interpretieren Sie das Ergebnis geometrisch so, daß Satz 6.11 anwendbar ist.

33. Das Polynom $p(z) = z + az^2$ $(a \in \mathbb{C})$ ist in $\mathbb{D}$ genau für $|a| \leq \frac{1}{2}$ schlicht.

34. Es sei f in $z_0 \in \mathbb{C}$ holomorph.

a) Zeigen Sie, daß eine Umgebung U von z_0 bzw. V von 0 und eine biholomorphe Abbildung $\theta : V \to U$ mit folgender Eigenschaft existiert: Es gibt ein $n \in \mathbb{N}$ mit $f(\theta(w)) = f(z_0) + w^n$ für alle $w \in V$.

b) Ist f eine im Gebiet G holomorphe Funktion und sind γ_1, γ_2 Wege in G, die sich im Punkt $z_0 \in G$ mit nicht verschwindender Tangente schneiden unter dem Winkel α schneiden, so schneiden sich die Bildwege unter dem Winkel $m \cdot \alpha$ mit einem $m = m(z_0, f) \in \mathbb{N}$.

Kapitel 10

Folgen holomorpher Funktionen und normale Familien

10.1 Eigenschaften der Grenzfunktion

Definition 10.1 *Es sei $B \subset \mathbb{C}$ eine offene Menge. Eine Funktionenfolge $f_n : B \to \mathbb{C}$ heißt kompakt konvergent (gegen $f : B \to \mathbb{C}$) in B, falls auf jeder kompakten Menge $K \subset B$ die Folge f_n gleichmäßig (gegen f) konvergiert.*

Bemerkung: Für *kompakte Konvergenz* ist auch die Bezeichnung *lokal gleichmäßige Konvergenz* oder auch, in älterer Literatur, der Ausdruck *gleichmäßige Konvergenz im Innern* zu finden.

Der folgende Satz zeigt, daß dieser Konvergenzbegriff für die Funktionentheorie passend ist. Natürlich könnte man an dieser Stelle auch die punktweise Konvergenz ins Auge fassen, aber die hat sich bekanntlich schon in der reellen Analysis als untauglich erwiesen und tut das hier auch wieder, wie an einem Beispiel gezeigt werden soll.

Dazu konstruieren wir zunächst eine punktweise konvergente Folge meromorpher Funktionen im Einheitskreis $\mathbb{D}$, die auf einem Teil von $\mathbb{D}$ punktweise gegen 0, auf dem Komplement gegen 1 konvergiert und damit eine sogar **unstetige** Grenzfunktion besitzt. Danach beseitigen wir die auftretenden Polstellen so, daß der geschilderte Effekt bestehen bleibt (vgl. dazu auch die Bemerkungen am Ende von Kapitel 2).

1. Es sei $B := \{z \in \mathbb{D} : |1 + z| \leq 1\}$ und

$$g_n(z) := \left((1 - \frac{1}{n})(1 + z)\right)^m \quad (z \in \mathbb{D})$$

mit $m = m(n) \in \mathbb{N}, m \geq n$ so groß, daß $|g_n(z)| < \frac{1}{n}$ gilt für alle $z \in B$.
Für $z \in \mathbb{D} \setminus B$ gilt dann $|(1 + z)| = 1 + \delta$ mit einem $\delta = \delta(z) > 0$.
Für alle hinreichend großen $n \in \mathbb{N}$ gilt:

$$|g_n(z)| > (1 + \frac{\delta}{2})^m \geq (1 + \frac{\delta}{2})^n \to \infty$$

für $n \to \infty$.

Nun setzen wir
$$h_n(z) := \frac{1}{1+g_n(z)} \quad (z \in \mathbf{D}).$$

Diese Folge rationaler Funktionen konvergiert punktweise gegen 1 auf B und gegen 0 auf $\mathbf{D} \setminus B$.

2. Die Polstellen der Funktion h_n sind die Punkte
$$z_{n,k} = -1 + \frac{n}{n-1} \exp(\frac{2k+1}{m} i\pi) \quad (k \in \mathbf{Z})$$

mit $m = m(n)$ wie oben.
Es sei
$$U_n = \{z \in \mathbf{D} : \frac{n-\frac{1}{2}}{n-1} < |1+z| < \frac{n+\frac{1}{2}}{n-1}\}$$

for $n \geq 2$ und $K_n := \{z \in \mathbf{C} : |z| \leq 1 \wedge z \notin U_n\}$. Das Komplement von K_n in $\mathbf{C}$ ist ein Gebiet, das alle Polstellen von h_n $(n \geq 2)$ enthält.
Durch sukzessive Anwendung der Methode der Polverschiebung (Satz 8.8) können wir eine Folge rationaler Funktionen f_n erhalten mit
$$|f_n(z) - h_n(z)| \leq \frac{1}{n}$$

für $n \geq 2$ und für alle $z \in K_n$ so, daß *alle Polstellen von f_n außerhalb $\mathbf{D}$ liegen*.
Damit haben wir eine punktweise konvergente Folge f_n in $\mathbf{D}$ holomorpher Funktionen, die auf $B \subset \mathbf{D}$ gegen 1 und auf $\mathbf{D} \setminus B$ gegen 0 konvergiert.

Wir kommen nun zu dem angekündigten Satz über die Vererbung der Holomorphie durch kompakte Konvergenz.

Satz 10.1 (Weierstraß) *Die Folge der Funktionen* $f_n : B \to \mathbf{C}$ *konvergiere kompakt auf der offenen Menge B gegen* $f : B \to \mathbf{C}$. *Sind die f_n holomorph auf B, so ist auch f holomorph auf B und die Folge der k-ten Ableitungen* $f_n^{(k)}$ *konvergiert ebenfalls kompakt in B gegen* $f^{(k)}$ *für alle* $k \in \mathbf{N}$.

Beweis: Die Stetigkeit von f ist der reellen Analysis zu entnehmen (der gleichmäßige Limes stetiger Funktionen ist stetig, also auch der lokal gleichmäßige Limes). Die Holomorphie erschließen wir mit dem Satz von Morera. Wie dort bezeichne Δ ein kompakt in B liegendes Dreieck mit passend parametrisiertem Rand. Dann ist (die Kompaktheit von $\partial \Delta$ gestattet die Umformung vom zweiten zum dritten Integral, da die Konvergenz dort gleichmäßig ist!)

$$\int_{\partial \Delta} f(z)\,dz = \int_{\partial \Delta} \lim_{n \to \infty} f_n(z)\,dz = \lim_{n \to \infty} \underbrace{\int_{\partial \Delta} f_n(z)\,dz}_{=0 \text{ nach Goursat}} = 0$$

Zum Verhalten der Ableitungen:

10.1. EIGENSCHAFTEN DER GRENZFUNKTION

Nach der Cauchyschen Integralformel ist für $z \in U_{2r}(z_0) \subset \overline{U_{2r}(z_0)} \subset B$ und $k \in \mathbb{N}$

$$f_n{}^{(k)}(z) - f^{(k)}(z) = \frac{k!}{2\pi i} \int\limits_{\partial U_{2r}(z_0)} \frac{f_n(\zeta) - f(\zeta)}{(\zeta - z)^{k+1}} d\zeta$$

Für $|z - z_0| \leq r$ ist dann also

$$f_n{}^{(k)}(z) - f^{(k)}(z) \leq \frac{2r \, k!}{r^{k+1}} \max_{\zeta \in \partial U_{2r}(z_0)} |f_n(\zeta) - f(\zeta)| \stackrel{n \to \infty}{\to} 0$$

so daß die Folge der Ableitungen $f_n{}^{(k)}$ in B kompakt gegen $f^{(k)}$ konvergiert. ∎

Der nächste Satz behandelt das Werteverhalten der Grenzfunktion in Abhängigkeit des Werteverhaltens der Funktionen der Folge.

Satz 10.2 (Hurwitz) *Es sei $G \subset \mathbb{C}$ ein Gebiet. Die Folge der holomorphen Funktionen $f_n : G \to \mathbb{C}$ konvergiere in G kompakt gegen f.*
Dann gilt: 1) Falls die f_n in G nullstellenfrei sind, so ist entweder $f(z) \neq 0$ für alle $z \in G$ oder $f \equiv 0$ in G.
2) Falls die die f_n in G injektiv sind, so ist entweder f ebenfalls in G injektiv, oder es ist f konstant.

Beweis: Zu 1): Es sei $f(z_0) = 0$ und $f \not\equiv 0$ angenommen. Wir zeigen: Für fast alle n muß f_n in G eine Nullstelle haben.
Denn nach dem Satz von der Isoliertheit der Nullstellen und einem Stetigkeitsargument gilt für alle hinreichend kleinen $\delta > 0$:

$$\exists \varepsilon > 0 \, \forall z \in \partial U_\delta(z_0) : |f(z)| > \varepsilon$$

Sei ein solches δ gewählt mit $U_{2\delta}(z_0) \subset G$. Dann wissen wir wegen der kompakten Konvergenz:

$$\exists n_0 \in \mathbb{N} \, \forall n \geq n_0 \, \forall z \in \overline{U_\delta(z_0)} : |f_n(z) - f(z)| \leq \varepsilon$$

Für $n \geq n_0$ erhalten wir also

$$\forall z \in \partial U_\delta(z_0) : |f_n(z) - f(z)| \leq \varepsilon < |f(z)| \leq |f_n(z)| + |f(z)|$$

Nach dem Satz von Rouché haben also f_n und f in $U_\delta(z_0)$ dieselbe Anzahl von Nullstellen (mit Vielfachheit gezählt). Fazit: *Jedes f_n mit $n \geq n_0$ besitzt in $U_\delta(z_0)$ mindestens eine Nullstelle.*
Zu 2): Zur Injektivität: Wir führen auch hier den Beweis durch Kontraposition. Es sei $z_1 \neq z_2$ und $w = f(z_1) = f(z_2)$ für $f \not\equiv const.$ angenommen. Wähle ein $\delta > 0$ so, daß $U_\delta(z_1) \cap U_\delta(z_2) = \emptyset$ gilt. Nach den obigen Überlegungen haben für fast alle n die Funktionen $f_n - w$ sowohl in $U_\delta(z_1)$ wie auch in $U_\delta(z_2)$ eine Nullstelle, und damit können diese f_n nicht injektiv in G sein. ∎

Bemerkung: Die beiden Extremfälle im vorstehenden Satz (Grenzfunktion nullstellenfreier bzw. injektiver holomorpher Funktionen ist identisch 0 bzw. konstant) kommen vor:
Beispiel 1: $f_n(z) = \frac{1}{n}e^z$ $(G := \mathbb{C})$
Beispiel 2: $f_n(z) = \frac{1}{n}z$ $(G := \mathbb{C})$

Im Konzept der φ-Holomorphie bietet sich die folgende Vereinbarung an: Eine Funktionenfolge (f_n) auf der Menge $B \subset \overline{\mathbb{C}}$ heißt (lokal gleichmäßig) φ-konvergent auf B gegen f, wenn zu jedem Punkt $\zeta \in B$ eine Umgebung $U = U(\zeta)$ und eine Möbiustransformation $\varphi = \varphi_\zeta$ so existiert, daß die Folge $\varphi \circ f_n$ gleichmäßig auf $U \cap B$ gegen $\varphi \circ f$ konvergiert. Letzteres bedeutet dann gerade (vgl. Kapitel 2):

$$\forall \varepsilon > 0 \, \exists n_0 \in \mathbb{N} \, \forall n \in \mathbb{N} \, \forall z \in U : n \geq n_0 \Longrightarrow |f_n(z) \ominus f(z)|_\varphi \overset{\varphi}{\leq} \varphi^{-1}(\varepsilon)$$

Das ist die übliche Konvergenzdefinition, nur hingeschrieben in der von φ (lokal) gegebenen Struktur. Als Grenzfunktionen von Folgen φ-holomorpher Funktionen erscheinen dann genau die meromorphen, also wieder die φ-holomorphen Funktionen auf B. Der so erklärte Konvergenzbegriff ist nun gleichbedeutend mit dem der chordal lokalgleichmäßigen Konvergenz (vgl. S. 10u), wie ohne Beweis angemerkt sei.

10.2 Normale Familien

Definition 10.2 *Es sei $G \subset \mathbb{C}$ ein Gebiet. Eine unendliche Menge $\mathcal{F}$ von Funktionen $f : G \to \mathbb{C}$ heißt eine Familie. Eine solche Familie $\mathcal{F}$ heißt gleichmäßig beschränkt in G, wenn ein $M > 0$ existiert mit $|f(z)| \leq M$ für alle $z \in G$ und alle $f \in \mathcal{F}$.*

Der nächste Satz ist dem Satz von Bolzano-Weierstraß verwandt. Sein Beweis kann erheblich gekürzt werden, wenn der Satz von Arzela-Ascoli (aus der Funktionalanalysis) zur Verfügung steht. Da das jedoch nicht angenommen wird, ist der folgende Beweis zu einem erheblichen Teil nichts anderes als der Beweis des Satzes von Arzela-Ascoli für diese speziellere Situation.

Satz 10.3 (Montel) *Es sei $\mathcal{F} : B \to \mathbb{C}$ eine gleichmäßig beschränkte Familie holomorpher Funktionen auf der offenen Menge $B \subset \mathbb{C}$. Dann besitzt jede Folge $f_n \in \mathcal{F}$ $(n \in \mathbb{N})$ eine in B kompakt konvergente Teilfolge f_{n_k}.*

Beweis: Es sei $f_n \in \mathcal{F}$ eine Folge.
Behauptung 1: Für jede kompakte Menge $K \subset B$ gilt

$$\forall \varepsilon > 0 \, \exists \delta > 0 \, \forall n \in \mathbb{N} \, \forall z, w \in K : |z - w| < \delta \Longrightarrow |f_n(z) - f_n(w)| < \varepsilon$$

(dazu sagt man: die f_n sind auf K gleichgradig stetig - δ kann von n und von z, w unabhängig gewählt werden. Die gleichgradige Stetigkeit beinhaltet insbesondere die gleichmäßige Stetigkeit der einzelnen f_n.)

10.2. NORMALE FAMILIEN

Wäre die Behauptung nicht richtig, so würde gelten

$$\exists \varepsilon > 0 \,\forall \delta > 0 \,\exists n \in \mathbb{N} \,\exists z_n, w_n \in K : |z_n - w_n| < \delta \wedge |f_n(z_n) - f_n(w_n)| \geq \varepsilon$$

Durch Verkleinern von δ finden wir also Folgen $z_{n_k}, w_{n_k} \in K$ mit

$$|z_{n_k} - w_{n_k}| \to 0 \wedge |f_{n_k}(z_{n_k}) - f_{n_k}(w_{n_k})| \geq \varepsilon$$

Wegen der Kompaktheit von K existiert nach dem Satz von Bolzano-Weierstraß eine Teilfolge $z_{n_{k_m}} \to z_0 \in K$. Dann gilt auch $w_{n_{k_m}} \to z_0$.
Nun sei ein $\rho > 0$ so gewählt, daß $U_{3\rho}(z_0)$ in B enthalten ist. Weiter sei ein $m_0 \in \mathbb{N}$ gefunden mit

$$\left|z_{n_{k_m}} - z_0\right| < \rho \wedge \left|w_{n_{k_m}} - z_0\right| < \rho$$

für alle $m \geq m_0$.
Es gelte $|f(z)| \leq M$ für alle $f \in \mathcal{F}, z \in B$. Nach der Cauchyschen Integralformel ist

$$\left|f_{n_{k_m}}(z_{n_{k_m}}) - f_{n_{k_m}}(w_{n_{k_m}})\right|$$

$$\leq \frac{1}{2\pi} \left| \int_{|\zeta - z_0| = 2\rho} f_{n_{k_m}}(\zeta) \left(\frac{1}{\zeta - z_{n_{k_m}}} - \frac{1}{\zeta - w_{n_{k_m}}} \right) d\zeta \right|$$

$$\leq \frac{4\pi \rho M}{2\pi} \frac{\left|z_{n_{k_m}} - w_{n_{k_m}}\right|}{\min_{|\zeta - z_0| = 2\rho} \left(\left|\zeta - z_{n_{k_m}}\right|\left|\zeta - w_{n_{k_m}}\right|\right)}$$

$$\leq 2\rho M \frac{\left|z_{n_{k_m}} - w_{n_{k_m}}\right|}{\rho^2} = \frac{2M}{\rho} \left|z_{n_{k_m}} - w_{n_{k_m}}\right| \overset{m \to \infty}{\to} 0$$

Das widerspricht jedoch der Ungleichung

$$\left|f_{n_{k_m}}(z_{n_{k_m}}) - f_{n_{k_m}}(w_{n_{k_m}})\right| \geq \varepsilon$$

Behauptung 2: *Es existiert eine Teilfolge von* (f_n) *die auf einer abzählbaren und dichten Teilmenge A von B konvergiert.*
Wir setzen $A := \{z \in B : \Re z \in \mathbb{Q} \wedge \Im z \in \mathbb{Q}\}$. Dieses ist eine abzählbare und dichte Teilmenge von B. Wir können schreiben $A = \{z_n : n \in \mathbb{N}\}$.
Nun gilt weiter(im Hinblick auf die nächsten Zeilen ist die bisherige Teilfolgenschreibweise $f_{n_k}(z_1)$ hier nicht empfehlenswert):
    Die Zahlenfolge $(f_n(z_1))$ ist beschränkt.
      Sei $f_{1n}(z_1)$ eine konvergente Teilfolge.
    Die Zahlenfolge $(f_{1n}(z_2))$ ist beschränkt.
      Sei $f_{2n}(z_2)$ eine konvergente Teilfolge.
Wir stellen fest, daß die Folgen $f_{2n}(z_1)$ und $f_{2n}(z_2)$ **beide** konvergieren.

Indem wir so weitermachen, haben wir nach k Schritten eine Teilfolge f_{kn} von f_n so gefunden, daß $(f_{kn}(z_j))_{n\in\mathbb{N}}$ konvergiert für $j = 1, \cdots, k$. Dieses Verfahren setzen wir ad infinitum fort (mittels Induktion natürlich).
Wir definieren nun $g_n := f_{nn}$. Es sei ein $m \in \mathbb{N}$ vorgegeben.
Für $n \geq m$ ist g_n eine Teilfolge von f_{mn} und $f_{mn}(z_j)$ konvergiert für alle $j = 1, \cdots, m$. Also konvergiert $g_n(z_j)$ ebenfalls für alle $j = 1, \cdots, m$. Da $m \in \mathbb{N}$ beliebig sein durfte, konvergiert $g_n(z_j)$ in Wahrheit für alle $j \in \mathbb{N}$, und das heißt $g_n(z)$ konvergiert für alle $z \in A$.

Behauptung 3: *Die Funktionenfolge (g_n) konvergiert gleichmäßig auf jeder kompakten Teilmenge $K \subset B$.*

Zum Nachweis sei ein Kompaktum K in B ausgewählt.
Da die g_n eine Teilfolge von (f_n) bilden, gilt nach Behauptung 1:

$$(I)\ \forall \varepsilon > 0\ \exists \delta > 0\ \forall n \in \mathbb{N}\ \forall z, w \in K : |z - w| < \delta \Rightarrow |g_n(z) - g_n(w)| < \frac{\varepsilon}{3}$$

Zu gegebenem $\varepsilon > 0$ sei ein so passendes $\delta > 0$ gewählt und $z_1, \cdots, z_N \in A \cap K$ so, daß gilt

$$K \subset \bigcup_{j=1}^{N} U_\delta(z_j)$$

(aufgrund der Kompaktheit lassen sich jedenfalls *endlich viele* solcher z_j finden so, daß die Umgebungen $U_\delta(z_j)$ die Menge K überdecken. Offenbar ist es kein Verlust an Allgemeinheit, aber ein Gewinn an Übersichtlichkeit, dies gleich für $j = 1, \cdots, N$ anzunehmen.)
Wegen der Behauptung 2 finden wir ein $n_0 \in \mathbb{N}$ so, daß für $n, m \geq n_0$ gilt

$$(II) \qquad |g_n(z_j) - g_m(z_j)| < \frac{\varepsilon}{3}$$

für alle $j = 1, \cdots, N$.
Nun sei ein $z \in K$ beliebig vorgegeben. Wir finden dann ein z_j mit $j \in \{1, \cdots, N\}$ so, daß gilt $|z_j - z| < \delta$. Dann ist weiter für alle $n, m \geq n_0$:

$$|g_n(z) - g_m(z)| \leq |g_n(z) - g_n(z_j)| + |g_n(z_j) - g_m(z_j)| + |g_m(z_j) - g_n(z)|$$

$$\leq \underbrace{\frac{\varepsilon}{3}}_{(I)} + \underbrace{\frac{\varepsilon}{3}}_{(II)} + \underbrace{\frac{\varepsilon}{3}}_{(I)} = \varepsilon$$

Zu beachten ist dabei, daß n_0 nicht von z, sondern **nur** von K abhängt.
Das Cauchy-Kriterium für Funktionenfolgen gibt daher die gleichmäßige Konvergenz von (g_n) auf K. Da K eine beliebig gewählte kompakte Teilmenge von B war, folgt die Behauptung des Satzes. ∎

Definition 10.3 *Eine Familie $\mathcal{F}$ von Funktionen $f : B \to \mathbb{C}$ auf der offenen Menge $B \subset \mathbb{C}$ heißt normal, wenn jede Folge $f_n \in \mathcal{F}$ eine in B kompakt konvergente Teilfolge besitzt.*

10.2. NORMALE FAMILIEN

Bemerkung: Nach dem Satz von Montel ist also jede gleichmäßig beschränkte Familie holomorpher Funktionen normal.

Der folgende Satz zeigt, daß bei gleichmäßiger Beschränktheit schon die Konvergenz auf einer „relativ kleinen" Menge die kompakte Konvergenz auf G zur Folge hat.

Satz 10.4 (Vitali) *Es sei $G \subset \mathbb{C}$ ein Gebiet und $f_n : G \to \mathbb{C}$ eine gleichmäßig in G beschränkte Folge holomorpher Funktionen. Es gebe eine Folge paarweise verschiedener Punkte $z_j \in G$, die einen Häufungswert in G besitzt so, daß $(f_n(z_j))_{n \in \mathbb{N}}$ für alle $j \in \mathbb{N}$ konvergiert.*
Dann konvergiert $f_n(z)$ schon kompakt in G.

Beweis: Es sei $z_0 \in G$ fest gewählt. Die Folge $(f_n(z_0))$ ist beschränkt. Nach dem Satz von Bolzano-Weierstraß existieren Häufungswerte w_1, w_2 von $f_n(z_0)$. Wir behaupten: $w_1 = w_2$, also die Konvergenz der Folge $(f_n(z_0))$.
Es seien $(f_{1n}), (f_{2n})$ Teilfolgen von (f_n) mit

$$f_{1n}(z_0) \to w_1, f_{2n}(z_0) \to w_2$$

Nach dem Satz von Montel existieren Teilfolgen g_{1n} bzw. g_{2n} von f_{1n} bzw. f_{2n}, die in G kompakt konvergieren.
Wir setzen $g_1 := \lim_{n \to \infty} g_{1n}$ und $g_2 := \lim_{n \to \infty} g_{2n}$. Nach Voraussetzung gilt

$$g_1(z_j) = \lim_{n \to \infty} f_n(z_j) = g_2(z_j)$$

für alle $j \in \mathbb{N}$. Nach dem Identitätssatz (die z_j häufen sich in G!) folgt $g_1 \equiv g_2$ in G, also $g_1(z_0) = w_1 = g_2(z_0) = w_2$
Wir haben damit gezeigt, daß die Funktionenfolge (f_n) auf G punktweise konvergiert.
Die *kompakte* Konvergenz der f_n folgt wie im Beweis des Satzes von Montel (Behauptung 3, S. 74) für die dort mit g_n bezeichnete Funktionenfolge; es ist, wegen der gleichmäßigen Beschränktheit, sogar nur die punktweise Konvergenz auf einer abzählbaren und in G dichten Menge dazu erforderlich, wie wir gesehen haben. ∎

Lemma: *Es sei $G \subset \mathbb{C}$ ein Gebiet. Dann existiert eine Folge G_n von Gebieten mit*

1. *$\overline{G_n}$ ist kompakt ($n \in \mathbb{N}$),*

2. *$\overline{G_n} \subset G_{n+1} \subset G$ ($n \in \mathbb{N}$),*

3. *$\bigcup_{n \in \mathbb{N}} G_n = G$.*

Bemerkung: Eine Gebietsfolge G_n mit diesen Eigenschaften heißt eine Ausschöpfung von G.

Beweis: Zu jedem $z \in G$ sei

$$\varepsilon(z) := \min\{1, \frac{1}{2}\text{dist}(z, \partial G)\}$$

Es gilt also $U_{2\varepsilon(z)}(z) \subset G$ für alle $z \in G$.
Die gewünschten Teilgebiete lassen sich wie folgt induktiv erhalten:
Es sei ein $z_1 \in G$ gewählt und $G_1 := U_{\varepsilon(z_1)}(z_1)$ gesetzt.
Ist $G_1, \cdots, G_n$ definiert, so sei

$$G_{n+1} := \cup\{U_{\varepsilon(z)}(z) : z \in \overline{G_n}\}$$

Die Eigenschaften 1) und 2) sind dann nach Konstruktion klar.
Zu 3): Es sei ein $z \in G$ fest gewählt und $\gamma : [0,1] \to G$ mit $\gamma(0) = z_1, \gamma(1) = z$.
Würde gelten $z \notin G_n$ für alle $n \in \mathbb{N}$, so auch

$$(*) \quad \forall n \in \mathbb{N} \exists w_n \in T(\gamma) \cap \partial G_n$$

denn es kann wegen $\gamma(0) \in G_n$ für alle $n \in \mathbb{N}$ jedenfalls $T(\gamma)$ nicht ganz im Komplement der G_n liegen.
Wir dürfen die Folge der w_n gleich als konvergent annehmen (sonst wird eine passende Teilfolge weiter betrachtet), etwa $w_n \to w_0$. Dann ist auch $w_0 \in T(\gamma)$ und somit in G.
Also existiert eine Umgebung $U(w_0) \subset G$ und, da die w_n gegen w_0 konvergieren, gibt es eine Zahl $0 < r \le 1$ so, daß $U_{2r}(w_n)$ für $n \ge n_0$ ganz in G enthalten ist. Nach der Konstruktion ist $U_r(w_n) \subset G_{n+1}$, da $w_n \in \overline{G}$. Andererseits ist für alle hinreichend großen n aber auch $w_{n+1} \in U_r(w_n)$ (Cauchy-Kriterium). Damit wäre, im Widerspruch zu $(*)$, w_{n+1} aus dem Inneren statt aus dem Rand von G_{n+1}. ∎

Bemerkung: Ist G_n eine Ausschöpfung des Gebietes G, so existiert zu jedem Kompaktum $K \subset G$ ein $n \in \mathbb{N}$ so, daß für alle $n \ge n_0$ gilt $K \subset G_n$.
Denn: die G_n bilden wegen 3) eine offene Überdeckung von K. Eine endliche Teilüberdeckung auswählen heißt wegen der Inklusionsbeziehung 2) aber, ein einziges G_{n_0} auszuwählen, das allein K überdeckt. Der Rest folgt ebenfalls aus 2). ∎

Die Voraussetzungen der Sätze von Montel und Vitali werden wir nun noch etwas abschwächen, indem wir die Forderung der gleichmäßigen Beschränktheit ersetzen durch lokal gleichmäßige Beschränktheit.

Satz 10.5 (Vitali, allgemeine Version) *Es sei $G \subset \mathbb{C}$ ein Gebiet und $f_n : G \to \mathbb{C}$ eine Folge in G holomorpher Funktionen. Zu jeder kompakten Menge $K \subset G$ gebe es ein $M > 0$ mit $|f_n(z)| \le M$ für alle $z \in K$ und alle $n \in \mathbb{N}$. Weiter sei eine Folge paarweise verschiedener Punkte $z_j \in G (j \in \mathbb{N})$ bekannt, die einen Häufungswert in G besitzt und für die $(f_n(z_j))_{n \in \mathbb{N}}$ für alle $j \in \mathbb{N}$ konvergiert. Dann konvergiert $f_n(z)$ schon kompakt in G.*

10.2. NORMALE FAMILIEN

Beweis: Es sei G_m ($m \in \mathbb{N}$) eine Ausschöpfung von G wie im vorangegangenen Lemma. Weiter sei $A \subset G$ eine kompakte Menge und $m \in \mathbb{N}$ mit $A \subset G_m$. Es darf auch gleich angenommen werden, daß alle z_j in dieser Ausschöpfungsmenge G_m liegen und sich in einem inneren Punkt von G_m häufen. Zu $\overline{G_m}$ existiert ein M mit $|f_n(z)| \leq M$ für alle $z \in \overline{G_m}$ und alle $n \in \mathbb{N}$.
Nach dem spezielleren Satz von Vitali konvergiert f_n dann kompakt in G_m, also gleichmäßig auf A. Da dieses für alle hinreichend großen $m \in \mathbb{N}$ ebenso gilt, folgt die Behauptung. ∎

Satz 10.6 (Montel, allgemeine Version) *Es sei $B \subset \mathbb{C}$ eine offene Menge und $f_n : B \to \mathbb{C}$ eine Folge in B holomorpher Funktionen. Zu jeder kompakten Menge $K \subset B$ gebe es ein $M > 0$ mit $|f_n(z)| \leq M$ für alle $z \in K$ und alle $n \in \mathbb{N}$. Dann existiert eine in B kompakt konvergente Teilfolge von (f_n).*

Bemerkung: Man kann das auch so ausdrücken:
Jede auf einer offenen Menge lokal gleichmäßig beschränkte Familie holomorpher Funktionen ist normal.

Beweis: Ist B ein Gebiet, so wählen wir eine offene Menge B_1 mit $\overline{B_1} \subset B$ und - nach dem spezielleren Satz von Montel eine Teilfolge f_{1n} von f_n, die auf B_1 kompakt konvergiert. Nach dem allgemeinen Satz von Vitali folgt dann die kompakte Konvergenz von f_{1n} auf B.
Ist B nicht zusammenhängend, so ist B eine abzählbare [1] Vereinigung von Zusammenhangskomponenten C_j ($j \in N \subset \mathbb{N}$). Wie beschrieben, finden wir eine Teilfolge f_{1n} von f_n, die auf C_1 kompakt konvergiert.
Dann fixieren wir eine Teilfolge f_{2n} von f_{1n}, die auch noch auf C_2 kompakt konvergiert.
Durch Fortsetzung des Verfahrens erhalten wir schließlich zu jedem $n \in \mathbb{N}$ eine Teilfolge f_{kn}, die auf $C_1 \cup C_2 \cup \cdots C_k$ kompakt konvergiert. Die „Diagonalfolge" f_{mm} liefert dann die behauptete Teilfolge, wie leicht zu sehen ist (eine kompakte Menge $K \subset B$ trifft stets nur endlich viele C_j!). ∎

Aufgaben:

35. Untersuchen Sie, ob die folgenden Funktionenfamilien normal sind:
    a) $H(\mathbf{D}) := \{f : \mathbf{D} \to \mathbb{C} : f \text{ ist auf } \mathbf{D} \text{ holomorph}\}$.
    b) $\mathcal{F} := \{f \in H(\mathbf{D}) : f(z) = \sum_{n=0}^{\infty} a_n z^n \text{ mit } |a_n| \leq 1 \text{ für alle } n = 0, 1, \cdots\}$
    c) $B^2 := \{f \in H(\mathbf{D}) : \sup_{0 \leq r < 1} \frac{1}{2\pi} \int_0^{2\pi} |f(re^{it})|^2 \, dt \leq 1\}$.
36. Jede normale Familie ist lokal beschränkt.
37. Zeigen Sie mit Hilfe des Satzes von Montel, daß in Aufgabe 32 (unter den dort gestellten Voraussetzungen) die Aussage der Schlichtheit auf dem Kreis $|z| < r$ nicht bestmöglich ist, d.h. es existiert ein $\varepsilon > 0$ so, daß *alle* solche Funktionen schlicht sind auf dem Kreis $|z| < r + \varepsilon$.

---

[1] die Abzählbarkeit folgt daraus, daß $\mathbb{C}$ eine abzählbare und dichte Teilmenge besitzt, z.B. $\mathbb{Q} \times \mathbb{Q}$

Kapitel 11

Interpolationen

Wir beginnen mit dem Satz von Mittag-Leffler über die Vorschreibbarkeit von endlichen Hauptteilen.

Satz 11.1 (Mittag-Leffler) *Es sei (z_j) eine Folge komplexer Zahlen, die sich in $\mathbb{C}$ nirgends häuft. Für jedes j sei ein (endlicher) Hauptteil*

$$H_j(z) := \sum_{k=1}^{m_j} a_{jk}(z - z_j)^{-k}$$

gegeben. Dann existiert eine meromorphe Funktion $h : \mathbb{C} \to \overline{\mathbb{C}}$, die genau in den Punkten z_j Pole besitzt und dort jeweils den Hauptteil H_j aufweist.
Sind h_1, h_2 zwei Funktionen mit dieser Eigenschaft, so ist $h_1 - h_2$ eine ganze Funktion.

Bemerkung: Wenn nur eine endliche Anzahl von Punkten z_j gegeben wäre mit zugehörigen Hauptteilen, so würde die endliche Summe $\sum_j H_j$ eine Funktion h mit den gewünschten Eigenschaften vermitteln. Im unendlichen Fall braucht aber die entsprechende Reihe nicht zu konvergieren. Die Idee des folgenden Beweises ist nun, durch passende holomorphe Funktionen g_j Konvergenz der Reihe $\sum_{j=0}^{\infty} H_j - g_j$ zu sichern. Diese Hilfsfunktionen werden als *konvergenzerzeugende Summanden* bezeichnet.

Beweis: Wir dürfen ohne Verlust an Allgemeinheit annehmen

$$0 < |z_1| \leq |z_2| \leq \cdots$$

Weiter sei eine Folge positiver Zahlen ε_j gewählt mit

$$(*) \quad \sum_{j=1}^{\infty} \varepsilon_j < +\infty$$

und dazu eine Folge $R_j > 0$ mit

$$0 < R_1 < R_2 < \cdots, \quad R_j < |z_j| \quad (j \in \mathbb{N}) \quad \text{und} \quad R_j \to +\infty$$

ausgesucht. Für $|z| < |z_j|$ verhält sich der Hauptteil H_j holomorph und besitzt daher eine auf dieser Kreisscheibe konvergente Potenzreihe

$$H_j(z) = \sum_{n=0}^{\infty} b_{jn} z^n$$

Diese Potenzreihe konvergiert gleichmäßig auf $\overline{U_{R_j}(0)}$.
Es sei ein $N_j \in \mathbb{N}$ gewählt mit

$$\left| H_j(z) - \underbrace{\sum_{n=0}^{N_j} b_{jn} z^n}_{=:g_j(z)} \right| < \varepsilon_j \qquad (z \in \overline{U_{R_j}(0)})$$

Wir setzen

$$h(z) := \sum_{j=1}^{\infty} (H_j(z) - g_j(z))$$

Ist nun eine Zahl $R > 0$ gegeben, so weisen wir im folgenden nach, daß h in der Kreisscheibe $|z| < R$ die gewünschten Eigenschaften hat. Da R beliebig sein darf, gibt dieses dann unmittelbar die Behauptung des Satzes.
Sei ein $N \in \mathbb{N}$ so groß gewählt, daß $R_N > R$ gilt. Wegen (∗) konvergiert dann die Reihe

$$\tilde{h}(z) := \sum_{j=N}^{\infty} (H_j(z) - g_j(z))$$

auf der Kreisscheibe $|z| < R$ gleichmäßig. Nach dem Satz von Weierstraß ist also $\tilde{h}$ holomorph für $|z| < R$.
Die Restsumme

$$h^*(z) := \sum_{j=1}^{N-1} (H_j(z) - g_j(z))$$

ist überhaupt holomorph mit Ausnahme der Punkte $z_1, \cdots, z_{N-1} \in U_R(0)$. Dann ist $h^*(z) - H_k(z)$ $(k = 1, \cdots, N-1)$ in z_k holomorph fortsetzbar, und somit hat

$$h(z) = h^*(z) + \tilde{h}(z)$$

für $|z| < R$ die behaupteten Eigenschaften. Da nun aber R beliebig gewählt sein durfte, erfüllt h überall in $\mathbb{C}$ die Behauptung.
Der Zusatz über die Differenz von zwei Lösungen des Problems ist leicht einzusehen. ∎

Nach dem Identitätssatz häufen sich die Nullstellen einer ganzen, nicht schon identisch verschwindenden Funktion nirgends in $\mathbb{C}$. Der nachfolgende Satz zeigt, daß diese Eigenschaft der Isoliertheit auch hinreichend ist für die Existenz einer ganzen Funktion mit Nullstellen genau in diesen Punkten. Wir können darüber hinaus auch noch die Nullstellenordnungen vorschreiben. Vorher soll jedoch noch ein Hilfssatz bereitgestellt werden.

Hilfssatz: Es sei $a \in \mathbb{C}$ und $\gamma : [0,1] \to \mathbb{C} \setminus \{a\}$ ein Weg. Dann gilt

$$\int_\gamma \frac{d\zeta}{\zeta - a} = \log(\gamma(1) - a) - \log(\gamma(0) - a)$$

wobei aber hier mit log unterschiedliche Zweige des Logarithmus gemeint sein können.

Beweis: Zu jedem $t \in [0,1]$ existiert eine Umgebung $U(t)$ so, daß mit einem festen Zweig des Logarithmus die Funktion $\log(\gamma(\tau) - a)$ erklärt ist für alle $\tau \in U(t) \cap [0,1]$. Dieses folgt aus der Stetigkeit von γ, wobei U so klein zu wählen ist, daß die Werte $\gamma(\tau) - a$ in einem einfach zusammenhängendem Gebiet $G_t \subset \mathbb{C} \setminus \{0\}$ liegen. Wir überdecken nun $[0,1]$ mit endlich vielen dieser Umgebungen, die wir gleich als Intervalle I_j ($j = 1, \cdots, n$) annehmen können. Es darf außerdem angenommen werden, daß stets $t \in I_j$ gilt für höchstens zwei verschiedene $j = 1, \cdots, n$. Da sich zwei Zweige des Logarithmus nur um ein ganzzahliges Vielfaches von $2\pi i$ unterscheiden, können wir die jeweils zu I_j gehörenden Zweige so anpassen (durch Addition der jeweils erforderlichen Defizite $2\pi i k$ ($k \in \mathbb{Z}$)), daß auf den Durchschnitten der Intervalle diese lokal erklärten Funktionen $\log(\gamma(\tau) - a)$ übereinstimmen. So erhalten wir eine Funktion $L(t) = \log(\gamma(\tau) - a)$, die für alle $\tau \in [0,1]$ erklärt ist, dort sogar differenzierbar ist und deren Ableitung $L'(t) = \frac{\gamma'(t)}{\gamma(t) - a}$ ist. Letzteres gilt, da $(\log z)' = \frac{1}{z}$ für *jeden* Zweig und für alle $z \neq 0$ richtig ist (vgl. Kap. 9).
Die Behauptung folgt nun durch Ausschreiben des Kurvenintegrals und Anwendung des Hauptsatzes der Differential- und Integralrechnung. ∎

Satz 11.2 (Weierstraßscher Produktsatz) *Es sei (z_j) eine sich nirgends häufende Folge paarweise verschiedener Punkte in $\mathbb{C}$ und (n_j) eine Folge natürlicher Zahlen. Dann gibt es eine in ganz $\mathbb{C}$ holomorphe Funktion f, deren Nullstellen genau die Punkte z_j sind und die jeweils in z_j die Nullstellenordnung n_j besitzt. Ist f^* eine weitere ganze Funktion mit den vorgeschriebenen Nullstellen (inklusive der Ordnungen), so gilt $f^*(z) = f(z)e^{H(z)}$ mit einer passenden ganzen Funktion H.*

Bemerkung: Eine solche Funktion f kann erhalten werden in der Form

$$f(z) = z^{n_0} \prod_{j=1}^{\infty} \left[\left(1 - \frac{z}{z_j}\right)^{n_j} e^{h_j(z)} \right]$$

mit gewissen Polynomen $h_j(z)$. Hierbei ist $n_0 = 0$ zu wählen, falls der Punkt 0 nicht unter den z_j vorkommt; andernfalls ist die Numerierung mit $j \in \mathbb{N}_0$ durchzuführen, und zwar so, daß $z_0 = 0$ und n_0 die dort vorgeschriebene Ordnung ist.

Beweis: Wir dürfen $z_j \neq 0$ annehmen für alle $j \in \mathbb{N}$, der Nullpunkt kann im Bedarfsfall später berücksichtigt werden durch Multiplikation einer ganzen Funktion für die sonstigen Nullstellen mit einer passenden Potenz von z (wie in der Bemerkung oben). Wie im vorstehenden Beweis seien die z_j mit monotonem Betrag geordenet und Zahlen R_j wie dort gewählt. Für $|z| < |z_j|$ ist

$$g_j(z) := \frac{n_j}{z - z_j} = -n_j \sum_{k=0}^{\infty} \frac{z^k}{z_j^{k+1}}$$

Außerdem sei eine Folge positiver Zahlen ε_j so gewählt, daß $\sum_{j=1}^{\infty} \varepsilon_j$ konvergiert und zu jedem $j \in \mathbb{N}$ ein $N_j \in \mathbb{N}$ mit

$$\Big| g_j(z) - \underbrace{(-n_j) \sum_{k=0}^{N_j} \frac{z^k}{z_j^{k+1}}}_{=:h_j(z)} \Big| < \varepsilon_j \qquad (|z| \leq R_j)$$

bereitgestellt.
Wie schon im Beweis des Satzes von Mittag-Leffler ergibt sich dann, daß

$$g(z) = \sum_{j=1}^{\infty} (g_j - h_j)$$

eine in $\mathbb{C}$ meromorphe Funktion darstellt, die genau in den Punkten z_j Polstellen, dort jeweils mit den Hauptteilen g_j, besitzt.
Zu jedem $z \in G := \mathbb{C} \setminus \{z_j : j \in \mathbb{N}\}$ sei ein Weg γ_z in G mit Anfangspunkt 0 und Endpunkt z gewählt und

$$F(z) = \int_{\gamma_z} g(\zeta)\, d\zeta$$

gesetzt. Der Wert dieser Funktion wird im allgemeinen vom zu z gewählten Weg abhängig sein. Für $z = 0$ vereinbaren wir $\gamma_0 \equiv 0$, so daß $F(0) = 0$ ist. Nach dem vorangegangenen Hilfssatz erhalten wir

$$F(z) = \sum_{j=1}^{\infty} n_j \left[\log(z - z_j) - \log(-z_j) + \sum_{k=0}^{N_j} \frac{z^{k+1}}{(k+1) z_j^{k+1}} \right]$$

Dabei bezeichnet log im allgemeinen unterschiedliche Zweige des Logarithmus. Damit ist mit passenden $k_j \in \mathbb{Z}$ (Bezeichnet $\log_n$ den n-ten Zweig des Logarithmus, so gilt für $z, w \neq 0$ die Funktionalgleichung $\log_k(z) - \log_m(w) = \log_k(\frac{z}{w}) + 2\pi(k-m)i$):

$$F(z) = \sum_{j=1}^{\infty} n_j \Big[\log(1 - \frac{z}{z_j}) + 2\pi i k_j + \underbrace{\sum_{k=1}^{N_j+1} \frac{1}{k}(\frac{z}{z_j})^k}_{=:\omega_j(z)} \Big]$$

wobei der im j-ten Summanden auftretende log-Zweig mit j wechseln kann. Nun vermittelt

$$f(z) := e^{F(z)} = \prod_{j=1}^{\infty}\left[(1 - \frac{z}{z_j})^{n_j}e^{n_j\omega_j(z)}\right]$$

eine Funktion, die sicher da erklärt ist, wo vorher F erklärt war (auf G), und dort sogar holomorph ist, denn die Zweig-Abhängigkeit der Werte von F wird durch die Exponentialfunktion beseitigt.

In den Punkten z_j schließlich haben wir hebbare Singularitäten für f, wie der Riemannsche Hebbarkeitssatz zeigt. Die obige Produktdarstellung gilt offenbar auch für die holomorphe Fortsetzung von f.

Ist f^* eine weitere ganze Funktion mit den vorgeschriebenen Nullstellen, so ist der Quotient von f und f^* ebenfalls zu einer ganzen Funktion holomorph ergänzbar, wie Potenzreihenentwicklung der beiden Funktionen in z_j zeigt. Da dieser Quotient andererseits nullstellenfrei ist, besitzt er nach dem letzten Satz aus Kapitel 9 eine Darstellung der Form e^H mit einer ganzen Funktion H. ∎

Als Anwendung der in diesem Kapitel vorgestellten Techniken soll die Partialbruchentwicklung der Funktion $\dfrac{\pi}{\sin \pi z}$ dargestellt werden, die für den weiteren Ausbau der Funktionentheorie (elliptische Funktionen) von Bedeutung ist.

Es sei $f(z) = \dfrac{\pi}{\sin \pi z}$ gesetzt. Dann ist f eine in ganz $\mathbf{C}$ meromorphe Funktion mit Polstellen (alle erster Ordnung) genau in den Punkten $z = m \in \mathbf{Z}$. Durch Potenzreihenentwicklung des Nenners erhalten wir die Gestalt der Laurententwicklung zu

$$\frac{\pi}{(\cos \pi m)\pi(z-m) + a_2(z-m)^2 + \cdots} = \frac{(-1)^m}{z-m} + \sum_{\nu=0}^{\infty} b_\nu (z-m)^\nu$$

Behauptung: Die Reihe

$$F(z) := \frac{1}{z} + \sum_{\substack{\nu=-\infty \\ \nu \neq 0}}^{\infty} (-1)^\nu \frac{1}{z-\nu} = \frac{1}{z} + \sum_{\nu=1}^{\infty} \frac{2z(-1)^\nu}{z^2 - \nu^2}$$

ist kompakt konvergent in $\mathbf{C} \setminus \mathbf{Z}$ (wobei wir unter einer Reihe $\sum_{\nu \in \mathbf{Z}} \cdots$ (und analogen Bildungen) stets die Folge $\left(\sum_{\nu=-n}^{n} \cdots\right)_{n \in \mathbf{N}}$ oder ihren Grenzwert verstehen werden).

Denn: Sei K ein Kompaktum in $\mathbf{C}\setminus\mathbf{Z}$ und $\nu_0 \in \mathbf{N}$ so groß gewählt, daß gilt $|z| \leq \frac{\nu}{2}$ für alle $\nu \geq \nu_0$. Es reicht, die gleichmäßige Konvergenz auf K der Reihe

$$\sum_{\nu=\nu_0}^{\infty} \frac{2z(-1)^\nu}{z^2 - \nu^2}$$

zu beweisen. Nach Satz 3.1 reicht es aus, die einzelnen Summandenbeträge so abzuschätzen, daß die Reihe über die Schranken konvergiert. Wegen

$$\left|\frac{2z(-1)^\nu}{z^2 - \nu^2}\right| \leq \frac{\nu_0}{|\nu^2 - |z|^2|} \leq \frac{2\nu_0}{\nu^2}$$

folgt die gleichmäßige Konvergenz auf K.

Somit haben wir die Zerlegung

$$f(z) = G(z) + F(z)$$

mit einer ganzen Funktion G.

Nun betrachten wir die aus der folgenden Abbildung ersichtlichen Integrationswege $\gamma_1, \cdots, \gamma_4$ zu einer festen Zahl $m \in \mathbb{N}$

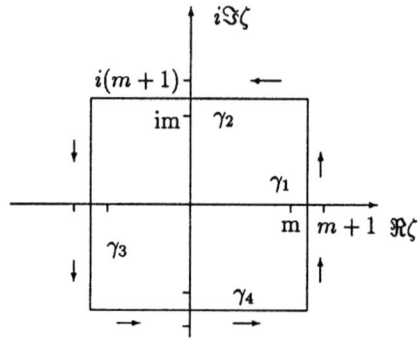

Wir werden nun $|f|$ auf den einzelnen Wegen abschätzen.

Es sei $\zeta \in T(\gamma_2)$ oder $\zeta \in T(\gamma_4)$, also $\zeta = x \pm i(m + \frac{1}{2})$ mit $x \in [-m - \frac{1}{2}, m + \frac{1}{2}]$.

Wegen $\sin z = \frac{1}{2i}(e^{iz} - e^{-iz})$ gilt

$$f(\zeta) = \frac{\pi}{\sin \pi \zeta} = \frac{2\pi i}{\exp\left(i\pi(x \pm i(m + \frac{1}{2}))\right) - \exp\left(i\pi(x \pm i(m + \frac{1}{2}))\right)}$$

$$= \frac{2\pi i}{e^{i\pi x}e^{\mp(m+\frac{1}{2})\pi} - e^{-i\pi x}e^{\pm(m+\frac{1}{2})\pi}}$$

Aus der Dreiecksungleichung „nach unten" ergibt sich

$$|f(\zeta)| \leq \frac{2\pi}{\left|e^{(m+\frac{1}{2})\pi} - e^{-(m+\frac{1}{2})\pi}\right|} \leq \frac{2\pi}{\exp(m+\frac{1}{2})\pi - 1} \overset{m \to \infty}{\to} 0$$

Es nun sei $\zeta \in T(\gamma_1) \cup T(\gamma_3)$, also $\zeta = \pm\left(m + \frac{1}{2}\right) + iy$ mit $y \in [-m - \frac{1}{2}, m + \frac{1}{2}]$.

Mit dem Additionstheorem des Sinus sieht man

$$f(\zeta) = \frac{\pi}{\sin\left(\pm(m + \frac{1}{2})\pi + i\pi y\right)} = \frac{\pm \pi}{\cos \pi i y} = \frac{\pm 2\pi}{e^{-\pi y} + e^{\pi y}} \implies |f(\zeta)| \leq 2\pi$$

Mit $\gamma := \gamma_1 + \gamma_2 + \gamma_3 + \gamma_4$ ist somit für $N \in \mathbf{N}, N \geq 2$

$$\left| \int_\gamma \frac{f(\zeta)}{\zeta^N} d\zeta \right| \leq \frac{2\pi}{(m+\frac{1}{2})^N} \cdot 4 \cdot 2 \cdot (m+\frac{1}{2}) = \frac{16\pi}{(m+\frac{1}{2})^{N-1}} \overset{m\to\infty}{\to} 0$$

Weiter gilt

$$\int_\gamma \frac{F(\zeta)}{\zeta^N} d\zeta = 2\pi i \operatorname{res}(0, \frac{F(z)}{z^N}) + 2\pi i \sum_{\substack{\nu=-m \\ \nu\neq 0}}^{m} \operatorname{res}(\nu, \frac{(-1)^\nu}{(z-\nu)z^N})$$

Wegen $\dfrac{1}{z-\nu} = \dfrac{-1}{\nu} \sum_{k=0}^{\infty} \left(\dfrac{z}{\nu}\right)^k$ ist

$$\operatorname{res}(0, \frac{F(z)}{z^N}) = \sum_{\substack{\nu=-\infty \\ \nu\neq 0}}^{\infty} (-1)^{\nu+1} \frac{1}{\nu^N} = \sum_{\nu=1}^{\infty} (-1)^{\nu+1} \left(1+(-1)^N\right) \frac{1}{\nu^N}$$

Es folgt

$$\int_\gamma \frac{F(\zeta)}{\zeta^N} d\zeta = 2\pi i \left(1+(-1)^N\right) \sum_{\nu=1}^{\infty} (-1)^{\nu+1} \frac{1}{\nu^N} + 2\pi i \sum_{\substack{\nu=-m \\ \nu\neq 0}}^{m} \frac{(-1)^\nu}{\nu^N}$$

$$= 2\pi i \left(1+(-1)^N\right) \sum_{\nu=m+1}^{\infty} (-1)^\nu \frac{1}{\nu^N} \overset{m\to\infty}{\to} 0$$

Mit $G(z) = \sum_{\nu=0}^{\infty} a_\nu z^\nu$ folgt weiter

$$\int_\gamma \frac{G(\zeta)}{\zeta^N} d\zeta = 2\pi i a_{N-1} = \int_\gamma \frac{f(\zeta)}{\zeta^N} d\zeta - \int_\gamma \frac{F(\zeta)}{\zeta^N} d\zeta \overset{m\to\infty}{\to} 0$$

und deshalb gilt $a_\nu = 0$ für $\nu \geq 1$. Es ist also $G(z) \equiv c$ für eine Konstante $c \in \mathbf{C}$. Schließlich soll diese Zahl c noch bestimmt werden. Die Funktion f ist ungerade (d.h. es ist $f(-z) = -f(z)$ für alle $z \notin \mathbf{Z}$), und deshalb (Übungsaufgabe!) sind in der Laurententwicklung von f um 0 alle Koeffizienten mit geradem Index 0, also

$$f(z) = \frac{1}{z} + 0 + b_1 z + \cdots$$

sowie, wegen

$$\sum_{\substack{\nu=-\infty \\ \nu\neq 0}}^{\infty} \frac{(-1)^\nu}{\nu} = 0$$

auch

$$F(z) = \frac{1}{z} + 0 + \cdots$$

Deshalb ist $G(0) = 0$, und damit folgt $c = 0$.
Wir haben damit die Partialbruchdarstellung von $\dfrac{\pi}{\sin \pi z}$ erhalten:

$$\boxed{\frac{\pi}{\sin \pi z} = \frac{1}{z} + \sum_{\substack{\nu=-\infty \\ \nu \neq 0}}^{\infty} \frac{(-1)^\nu}{z-\nu} \quad (z \notin \mathbf{Z})}$$

Aufgaben:

38. Beweisen Sie für $z \in \mathbf{C} \setminus \mathbf{Z}$

$$\left(\frac{\pi}{\sin \pi z}\right)^2 = \sum_{n=-\infty}^{\infty} \frac{1}{(z-n)^2}$$

(Hinweise: zeigen Sie, daß die Differenz von linker und rechter Seite eine ganze Funktion g ist und daß $g(x_0 + iy) \to 0$ gilt für $|y| \to \infty$. Zeigen Sie dann, daß g periodisch ist und daß g beschränkt ist in jedem Periodenstreifen, und damit überhaupt. Denken Sie dann an den Satz von Liouville).

39. Spalten Sie in der Gleichung der vorstehenden Aufgabe rechts den Term $\frac{1}{z^2}$ ab und beweisen Sie so die Gleichung

$$\sum_{n=1}^{\infty} \frac{1}{n^2} = \frac{\pi^2}{6}$$

Kapitel 12

Einfacher Zusammenhang

In den vorangegangenen Kapiteln haben wir den Begriff des einfachen Zusammenhangs im Homologie- wie auch im Homotopie-Sinn eingeführt. Nun soll untersucht werden, welche Beziehungen zwischen diesen Bildungen bestehen.
Dieses ist ein topologisches Kapitel zur Klärung funktionentheoretischer Grundbegriffe. Die in Kapitel 0.1 dargestellten Beziehungen zwischen dem Weg- und dem topologischen Zusammenhang werden hier benötigt.
Beim ersten Lesen könnte es dann übergangen werden, wenn für das folgende die Information ohne Beweis mitgenommen wird, daß die Eigenschaft eines Gebietes, homolog einfach zusammenhängend zu sein, unter konformen Abbildungen (also unter holomorphen Bijektionen) erhalten bleibt. Manchmal wird dieser Sachverhalt auch mit den Worten ausgedrückt, daß der homologe einfache Zusammenhang eine konforme Invariante ist.
Wenn man nach Beispielen sucht für Gebiete, die eine der genannten Eigenschaften besitzen oder nicht besitzen, so stellt man schnell fest, daß diese Begriffe etwas zu tun haben mit einer rein topologischen Gegebenheit des jeweiligen Gebietes: es kommt darauf an, ob das Gebiet „Löcher" besitzt oder nicht. Die folgende Definition präzisiert diese topologische Begriffsbildung. Unter einer topologischen Zusammenhangskomponente verstehen wir eine maximale, im topologischen Sinn zusammenhängende Teilmenge

Definition 12.1 *Ein Gebiet $G \subset \mathbf{C}$ heißt topologisch einfach zusammenhängend, wenn $\mathbf{C} \setminus G$ keine beschränkte topologische Zusammenhangskomponente besitzt.*

Bemerkung: Ein beschränktes Gebiet in $\mathbf{C}$ ist genau dann topologisch einfach zusammenhängend, wenn das Komplement $\mathbf{C} \setminus G$ topologisch zusammenhängend ist (denn das Komplement besitzt dann einzig die unbeschränkte Komponente).

Für Gebiete in der Ebene läßt sich die Äquivalenz der drei Begriffe des topologischen, homologen und homotopen einfachen Zusammenhangs beweisen. Dieses in vollem Umfang durchzuführen ist jedoch recht aufwendig und soll hier nicht weiter verfolgt werden. Wir wollen hier nur die Beziehungen tatsächlich nachweisen,

KAPITEL 12. EINFACHER ZUSAMMENHANG

die später benötigt werden bzw. solche, die für eine sichere Vorstellung wichtig sind.

Es sei zunächst an das Korollar zu Satz 7.2 erinnert, daß jedes homotop einfach zusammenhängende Gebiet auch homolog einfach zusammenhängend ist.

Satz 12.1 *Jedes beschränkte, topologisch einfach zusammenhängende Gebiet $G \subset \mathbf{C}$ ist homolog einfach zusammenhängend.*

Beweis: Es sei γ eine geschlossene, stückweise $\mathcal{C}^1$-Kurve in G. Gelingt es, zu zeigen, daß γ in G nullhomolog ist, so gilt das entsprechend auch für jeden Zykel in G.

Wäre γ nicht nullhomolog in G, so existierte ein $\zeta \in \mathbf{C} \setminus G$ mit

$$n(\zeta, \gamma) = n \neq 0.$$

Ist C die Zusammenhangskomponente von $\mathbf{C} \setminus T(\gamma)$, die ζ enthält (für offene Mengen in $\mathbf{C}$ ist topologischer und Weg-Zusammenhang äquivalent, vgl. Kapitel 0.1), so gilt $n(\xi, \gamma) = n$ für alle $\xi \in C$ nach Satz 5.3 und es kann C nicht die unbeschränkte Komponente von $\mathbf{C} \setminus T(\gamma)$ sein. Deshalb kann auch der Punkt ζ nicht in der unbeschränkten Komponente von $\mathbf{C} \setminus G$ liegen. Da G als topologisch einfach zusammenhängend vorausgesetzt ist, gibt es aber keine beschränkte Komponente von $\mathbf{C} \setminus G$, sodaß die Behauptung folgt. ∎

Es folgt das bereits angekündigte Hauptergebnis des Kapitels

Satz 12.2 *Es seien $G, G^* \subset \mathbf{C}$ Gebiete und φ sei eine konforme Abbildung von G auf G^*. Dann gilt: ist G homolog einfach zusammenhängend, so auch G^*.*

Beweis: Angenommen, G ist homolog einfach zusammenhängend, aber G^* nicht. Dann würde ein geschlossener $\mathcal{C}^1$-Weg γ^* in G^* und dazu ein Punkt $w \notin G^*$ existieren mit

$$n(w, \gamma^*) = n \neq 0.$$

Nach Satz 5.3 folgt $n(\xi, \gamma^*) = n$ für alle ξ aus der Zusammenhangskomponente C^* von $\mathbf{C} \setminus T(\gamma^*)$, die w enthält. Wegen $T(\gamma^*) \subset G^*$ trifft C^* auch G^*. Es gibt daher auch einen Punkt $z^* \in G^* \cap C^*$, also $n(z^*, \gamma^*) = n$. Mit den Bezeichnungen $\gamma^* = \varphi \circ \gamma$, $z^* = \varphi(z)$ erhalten wir:

$$n = \frac{1}{2\pi i} \int_{\gamma^*} \frac{d\xi}{\xi - z^*} = \frac{1}{2\pi i} \int_0^1 \frac{\frac{d}{dt}\gamma^*(t)}{\gamma^*(t) - z^*}\, dt = \frac{1}{2\pi i} \int_0^1 \frac{\varphi'(\gamma(t))\gamma'(t)}{\varphi(\gamma(t)) - \varphi(z)}\, dt$$

$$= \frac{1}{2\pi i} \int_\gamma \frac{\varphi'(\vartheta)}{\varphi(\vartheta) - \varphi(z)}\, d\vartheta$$

Das letzte Integral läßt sich mit Hilfe des Residuensatzes bestimmen. Der Integrand hat, wegen der Konformität der Abbildung φ, genau in $\vartheta = z$ eine Singularität in G, und zwar einen einfachen Pol mit dem Residuum 1. Der Wert dieses Integrals ist also $n(z,\gamma)$, und damit ist $n(z,\gamma) = n \neq 0$.

Nun sei C die Zusammenhangskomponente von $\mathbb{C} \setminus T(\gamma)$, die z enthält. Nach Konstruktion enthält die Komponente C^* mindestens einen Randpunkt ζ^* von G^*. Es sei $\sigma^* : [0,1] \to \mathbb{C}$ ein Weg in C^*, der z^* mit ζ^* verbindet. Es darf gleich angenommen werden, daß σ^* bis auf den Endpunkt ζ^* ganz in G^* verläuft (andernfalls kürze man den Weg geeignet ab). Der Urbild-Weg $\sigma(t) = \varphi^{-1} \circ \sigma^*(t)$ verläuft dann für $t \in [0,1[$ in $C \cap G$.

Nun betrachten wir einen Häufungspunkt ζ von $\sigma(t)$ für $t \to 1$. Da C nicht die unbeschränkte Komponente sein kann (denn dann wäre $n(z,\gamma) = 0$), existiert ein solches ζ. Wäre ζ ein innerer Punkt von G, so hätte man einen Widerspruch zur Randpunktseigenschaft von ζ^* aus dem Satz über die Gebietstreue, angewendet auf φ. Also ist ζ ein Randpunkt von G.

Andererseits gilt $\zeta \in C$, da wegen der Konformität von φ die Kurve σ weder $T(\gamma)$ treffen, noch für $t \to 1$ sich gegen $T(\gamma)$ häufen kann, da andernfalls sich auch σ^* gegenüber $T(\gamma^*)$ entsprechend verhalten müßte, was nach Konstruktion aber nicht der Fall ist.

Daraus folgt $n(\zeta, \gamma) = n \neq 0$. Wegen $\zeta \notin G$ kann dann G aber nicht homolog einfach zusammenhängend sein. ∎

Der Vollständigkeit halber zeigen wir nun noch, daß auch der homotop einfache Zusammenhang eine konforme Invariante ist.

Satz 12.3 *Es seien $G, G^* \subset \mathbb{C}$ Gebiete und φ sei eine konforme Abbildung von G auf G^*. Dann gilt: ist G homotop einfach zusammenhängend, so auch G^*.*

Beweis: Dieser Satz ist erheblich leichter zu beweisen, als der vorangegangene. Es sei ein geschlossener Weg $\gamma^* : [0,1] \to G^*$ in G^* gegeben. Zu zeigen ist, daß γ^* in G^* nullhomotop ist, also, daß eine Homotopie

$$H^* : [0,1] \times [0,1] \to G^*$$

existiert mit

1. $H^*(0,t) = \gamma^*(t)$, $H^*(1,t) \equiv \gamma^*(0)$

2. $H^*(s,0) \equiv \gamma^*(0)$, $H^*(s,1) \equiv \gamma^*(1)$

für alle $t, s \in [0,1]$.

Nun ist $\gamma := \varphi^{-1} \circ \gamma^*$ ein geschlossener Weg in G, der nach Voraussetzung nullhomotop ist. Es sei $H(s,t)$ eine Homotopie, vermöge der γ stetig in den Punktweg $\gamma(0)$ deformiert werden kann. Die „Liftung" $H^*(s,t) := \varphi(H(s,t))$ besitzt dann die gewünschten Eigenschaften, wie leicht zu sehen ist. ∎

Zum Abschluß dieses Kapitels soll noch eine speziellere Aussage über Umlaufzahlen zur späteren Anwendung bereitgestellt werden.

Satz 12.4 *Es sei γ ein geschlossener C^1-Weg in $\mathbb{C}$ und $z, \zeta \in \mathbb{C}$ mit $0, z \notin T(\gamma)$, sowie $z^* := \frac{1}{z} + \zeta$ und $\gamma^* := \frac{1}{\gamma} + \zeta$. Dann gilt*

$$n(z^*, \gamma^*) = n(z, \gamma) - n(0, \gamma)$$

Beweis: Es ist

$$n(z^*, \gamma^*) = \frac{1}{2\pi i} \int_{\gamma^*} \frac{d\xi}{\xi - z^*} \, d\xi = \frac{1}{2\pi i} \int_0^1 \frac{-\gamma'(t)}{\gamma^2(t)} \frac{dt}{\frac{1}{\gamma(t)} - \frac{1}{z}}$$

$$= \frac{1}{2\pi i} \int_0^1 \left(\frac{1}{\gamma(t) - z} - \frac{1}{\gamma(t)} \right) \gamma'(t) \, dt = n(z, \gamma) - n(0, \gamma) \quad \blacksquare$$

Kapitel 13

Der Riemannsche Abbildungssatz

In diesem Kapitel geht es darum, ein gegebenes homolog einfach zusammenhängendes Gebiet $G \neq \mathbf{C}$ konform auf den Einheitskreis $\mathbf{D}$ abzubilden. Die Voraussetzung $G \neq \mathbf{C}$ ist dafür jedenfalls notwendig, wie der Satz von Liouville zeigt. Wir werden sehen, daß dieses Problem lösbar ist. Das ist aus zwei Gründen erstaunlich:

- es gibt „sehr viele" einfach zusammenhängende Gebiete, natürlich auch solche mit hochgradig kompliziertem Rand. Der Rand solcher Gebiete ist im allgemeinen nicht als Weg parametrisierbar, erst recht nicht durch analytische Wege (Parametrisierung durch eine Potenzreihe).

- ersetzt man die Einheitskreisscheibe $\mathbf{D}$ durch einen Kreisring, etwa durch die Gesamtheit der z mit $1 < |z| < 2$ und fragt nach der konformen Abbildbarkeit beliebiger (topologisch) zweifach zusammenhängender Gebiete (also solcher, deren Komplement aus zwei Zusammenhangskomponenten besteht), so ist die Antwort im allgemeinen negativ (vgl. S. 67, Aufgabe 28).

Das folgende Lemma beantwortet unsere Frage schon vollständig für beschränkte Gebiete $G \subset \mathbf{C}$.

Lemma: *Es sei $\Omega \subset \mathbf{C}$ ein homolog einfach zusammenhängendes und beschränktes Gebiet und $z_0 \in \Omega$ gewählt. Dann existiert eine konforme Abbildung $f : \Omega \to \mathbf{D}$ mit $f(\Omega) = \mathbf{D}$, $f(z_0) = 0$ und $f'(z_0) > 0$.*

Beweis: Es sei

$$\mathcal{F} := \{f : \Omega \to \mathbf{C} : f \text{ ist konform }, f'(z_0) = 1, f(z_0) = 0\}$$

Diese Menge $\mathcal{F}$ enthält sicher die durch $\phi(z) := z - z_0$ gegebene Abbildung und ist daher nichtleer. Für $f \in \mathcal{F}$ definieren wir

$$M(f) := \sup_{z \in \Omega} |f(z)| \text{ sowie } \mu := \inf_{f \in \mathcal{F}} M(f).$$

KAPITEL 13. DER RIEMANNSCHE ABBILDUNGSSATZ

Es ist dann $\mu < \infty$, denn $M(\phi) < \infty$ wegen der Beschränktheit des Gebietes.

Behauptung 1: $\mu = \min_{f \in \mathcal{F}} M(f)$

Denn: Es seien $f_k \in \mathcal{F}$ gewählt mit $M(f_k) \to \mu$ und es gelte $M(f_k) \leq \mu + 1$ für alle $k \in \mathbb{N}$.

Nach dem Satz von Montel existiert eine kompakt konvergente Teilfolge (f_{k_j}) von (f_k). Es sei F die Grenzfunktion dieser Teilfolge. Diese ist holomorph in Ω.

Nun sei ein $z \in \Omega$ und ein $\varepsilon > 0$ vorgegeben. Dann existiert eine Zahl $j_0 \in \mathbb{N}$ so, daß für alle $j \geq j_0$ gilt

$$\left|f_{k_j}(z) - F(z)\right| < \varepsilon \text{ und } \left|f_{k_j}(z)\right| < \mu + \varepsilon$$

Dann folgt $|F(z)| \leq \mu + 2\varepsilon$ und, da $\varepsilon > 0$ beliebig wählbar war, $|F(z)| \leq \mu$. Da das für alle $z \in \Omega$ so ist, folgt $M(F) \leq \mu$. Außerdem erfüllt F als Grenzfunktion von Abbildungen mit diesen Eigenschaften auch wieder die Bedingungen $F(z_0) = 0, F'(z_0) = 1$. Nach dem Satz von Hurwitz ist also F wieder konform, da F wegen $F'(z_0) = 1$ nicht konstant sein kann. Damit gilt $F \in \mathcal{F}$, und daher ist $M(F) = \mu$. Behauptung 1 ist gezeigt.

Da F nicht konstant sein kann, folgt $\mu > 0$.

Behauptung 2: $F(\Omega) = U_\mu(0)$

Nach der obigen Überlegung gilt jedenfalls $F(\Omega) \subset U_\mu(0)$. Wir nehmen nun an, es gäbe ein $a \in U_\mu(0)$ mit $a \notin F(\Omega)$. Es sei etwa $a = re^{i\alpha}$. Wir betrachten die folgende Kette von Abbildungen. Es empfiehlt sich, in den verschiedenen Urbild- und Bildbereichen verschiedene Variablen-Bezeichnungen einzuführen.

Die Idee ist, dann eine Funktion $F_0 \in \mathcal{F}$ herzuleiten mit kleinerem $M(F_0)$

1. Wir beginnen mit der Abbildung des Gebietes Ω durch $w = F(z)$. Dann geht der Punkt z_0 in den Nullpunkt der w-Ebene über.

2. Wir wählen als zweite Abbildung $\zeta_1 = f_1(w) := -\dfrac{e^{-i\alpha}}{\mu} w$; die Kreisscheibe $U_\mu(0)$ wird auf $\mathbb{D}$ abgebildet und der Punkt a geht über in $A := -\dfrac{r}{\mu}$. Der Nullpunkt $w = 0$ geht über in den Nullpunkt $\zeta_1 = 0$.

3. Es folgt $\zeta_2 = f_2(\zeta_1) = \dfrac{\zeta_1 - A}{1 - A\zeta_1}$. Dieses ist eine konforme Abbildung von $\mathbb{D}$ auf sich und der Punkt A geht in den Nullpunkt $\zeta_2 = 0$, der Nullpunkt $\zeta_1 = 0$ in den Punkt $B := -A > 0$ über. Die Verkettung $f_2(f_1(F(z)))$ bildet Ω nach Satz 12.2 auf ein homolog einfach zusammenhängendes Teilgebiet Λ von $\mathbb{D}$ ab, *welches nicht den Nullpunkt enthält* (denn der ist das Bild von a unter der Verkettung).

4. Für $\zeta_2 \in \Lambda$ ist daher die Abbildung $\zeta_3 = f_3(\zeta_2) := \sqrt{\zeta_2}$ (Hauptzweig) definiert (s. Kapitel 9). Der Punkt $C := \sqrt{B} > 0$ liegt dann im Bild von Λ unter f_3. Dieses ist der wesentliche Schritt der Konstruktion, die anderen dienen nur der Vor- bzw. Nachbereitung.

5. Schließlich betrachten wir noch die Funktion $\zeta = f_4(\zeta_3) := \rho \dfrac{\zeta_3 - C}{1 - C\zeta_3}$, die das Bild von Λ unter f_3 in den Kreis $|\zeta| < |\rho|$ abbildet so, daß $\zeta_3 = C$ in $\zeta = 0$ übergeht. Die Zahl $\rho \in \mathbb{C}$ halten wir zunächst als Parameter frei.

Die gesamte Zusammensetzung

$$F_0(z) = (f_4 \circ f_3 \circ f_2 \circ f_1 \circ F)(z)$$

ist eine konforme Abbildung des Gebietes Ω auf einen Teil der Kreisscheibe $U_{|\rho|}(0)$ mit $F_0(z_0) = 0$.

Unter Beachtung von $\left(\dfrac{z-c}{1-cz}\right)' = \dfrac{1-c^2}{(1-cz)^2}$ läßt sich mittels der Kettenregel $F_0'(z_0)$ bestimmen:

$$F_0'(z_0) = f_4'(C) \cdot f_3'(B) \cdot f_2'(0) \cdot f_1'(0) \cdot F'(z_0)$$

$$= \rho \frac{1-C^2}{(1-C^2)^2} \cdot \frac{1}{2C} \cdot \frac{1-A^2}{(1-0 \cdot A)^2} \cdot \frac{-e^{-i\alpha}}{\mu} \cdot 1$$

Wegen $-A = C^2$ folgt

$$F_0'(z_0) = -\rho \frac{(1-C^4)e^{-i\alpha}}{(1-C^2)2C\mu} = -\rho \frac{(1+C^2)e^{-i\alpha}}{2C\mu}$$

Wenn wir also

$$\rho := \frac{-2C}{1+C^2} \frac{\mu}{e^{-i\alpha}}$$

wählen, so gilt $F_0'(z_0) = 1$. Mit diesem ρ gehört F_0 also zu $\mathcal{F}$.
Da das Bild von Ω unter F_0 enthalten ist in $U_{|\rho|}(0)$, muß gelten

$$M(F_0) = |\rho| = \frac{2C}{1+C^2}\mu < \mu$$

Wegen $F_0 \in \mathcal{F}$ ist das unmöglich. Also gilt doch

$$F(\Omega) = U_\mu(0)$$

Daher genügt $f = \frac{1}{\mu}F$ der Behauptung des Lemmas. ∎

Es folgt das Hauptresultat dieses Kapitels.

Satz 13.1 (Riemannscher Abbildungssatz) *Es sei $\Omega \subset \mathbb{C}, \Omega \neq \mathbb{C}$ ein homolog einfach zusammenhängendes Gebiet und $z_0 \in \Omega$. Dann existiert genau eine konforme Abbildung f von Ω auf die Einheitskreisscheibe $\mathbb{D}$ mit $f(z_0) = 0$ und $f'(z_0) > 0$.*

KAPITEL 13. DER RIEMANNSCHE ABBILDUNGSSATZ

Beweis: Wir zeigen, daß es ein *beschränktes* Gebiet $\Omega' \subset \mathbf{C}$ gibt und eine konforme Abbildung g von Ω auf Ω'.

Denn: Sei etwa $a \notin \Omega$. Es darf gleich $a = 0$ angenommen werden (sonst wenden wir die Verschiebung $z \to z - a$ an). Also ist auf Ω die Funktion $h(z) = \sqrt{z}$ (Hauptzweig) holomorph erklärt. Dann muß h auf Ω auch injektiv sein: Aus $h(z_1) = h(z_2)$ folgt durch Quadrieren $z_1 = z_2$. Somit ist $h : \Omega \to h(\Omega)$ umkehrbar, und h^{-1} ist wieder eine injektive Funktion. Das hat folgende Konsequenz: Wenn w_0 ein Punkt aus dem Bild $h(\Omega)$ ist, so kann $-w_0$ *nicht* in $h(\Omega)$ sein. Sei nun ein Punkt $w_0 \in h(\Omega)$ gewählt. Dazu existiert eine Kreisscheibe $U_r(w_0) \subset h(\Omega)$, da $h(\Omega)$ ein Gebiet ist. Wegen $0 \notin h(\Omega)$ haben $U_r(w_0)$ und $U_r(-w_0)$ keinen Punkt gemeinsam. Da offenbar $U_r(-w_0) = \{-w : w \in U_r(w_0)\}$ gilt, läßt das Bild von Ω unter h also die ganze Kreisscheibe $U_r(-w_0)$ frei. Die Abbildung:
$$\phi(z) := \frac{1}{h(z) + w_0} \quad (z \in \Omega)$$
führt dann Ω in ein beschränktes Gebiet $\Omega' := \phi(\Omega)$ über. Es sei $z_1 := \phi(z_0)$.

Nach dem Lemma existiert eine Funktion ψ, die Ω' konform auf $\mathbf{D}$ abbildet mit $\psi(z_1) = 0$ und $\psi'(z_1) > 0$.

Schließlich sei $f(z) := e^{it}\psi(\phi(z))$ $(z \in \Omega)$ gesetzt, wobei wir uns $t \in \mathbf{R}$ zunächst als Parameter freihalten. Dann ist f eine konforme Abbildung von Ω auf $\mathbf{D}$ mit $f(z_0) = 0$ und es gilt
$$f'(z_0) = e^{it}\psi'(z_1)\phi'(z_0)$$
Wir können also t so wählen, daß auch die Forderung $f'(z_0) > 0$ erfüllt ist.

Es bleibt noch, die Eindeutigkeit zu beweisen.

Wir nehmen an, daß f_1, f_2 konforme Abbildungen von Ω auf $\mathbf{D}$ sind mit $f_1(z_0) = f_2(z_0) = 0$ und $f_1'(z_0) > 0, f_2'(z_0) > 0$. Es sei $g := f_1 \circ f_2^{-1}$ gesetzt. Dann ist g eine konforme Selbstabbildung von $\mathbf{D}$ und besitzt daher (Übungsaufgabe 17) die Gestalt $g(z) = e^{i\alpha}\dfrac{z - \zeta}{1 - \bar\zeta z}$ mit einem $\zeta \in \mathbf{D}$ und einem $\alpha \in \mathbf{R}$. Es gilt $g(0) = 0$, also folgt $\zeta = 0$. Damit reduziert sich g auf die Drehung $g(z) = e^{i\alpha}z$. Wegen
$$e^{i\alpha} = g'(0) = \frac{f_1'(z_0)}{f_2'(z_0)} > 0$$
folgt $e^{i\alpha} = 1$. Also ist $g(z) \equiv z$, das heißt $f_1 \equiv f_2$. ∎

Kapitel 14

Der Approximationssatz von Runge

Ist eine auf der Einheitskreisscheibe **D** holomorphe Funktion f gegeben, so läßt sich diese auf jedem kompakten Teil K von **D** gleichmäßig approximieren durch eine ganze Funktion g. Denn f besitzt dann eine in **D** konvergente Potenzreihenentwicklung $f(z) = \sum_{j=0}^{\infty} a_j z^j$. Wegen der kompakten Konvergenz von Potenzreihen auf ihrer Konvergenzscheibe kann g hier einfach als Teilsumme der Reihe, also sogar als Polynom, gewählt werden. In diesem Kapitel soll nun untersucht werden, in welcher Weise dieser Sachverhalt allgemeiner gültig ist.

Der Satz von Runge aus dem Jahr 1885 markiert den Beginn der komplexen Approximationstheorie, die sich mittlerweile zu einem umfangreichen Teilgebiet der Funktionentheorie entwickelt hat.

Die Herleitung des folgenden Hilfssatzes greift wieder auf den Begriff des topologischen Zusammenhangs zurück. Beim ersten Lesen könnte sein Beweis zurückgestellt werden.

Hilfssatz: *Es sei $U \subset$ **C** eine offene Menge und K ein kompakter Teil von U. Dann existiert ein in U nullhomologer Zykel Γ mit $T(\Gamma) \subset U \setminus K$ und $n(z, \Gamma) = 1$ für alle $z \in K$. Dabei kann Γ als formale Summe von Wegen gewählt werden, die jeweils als Bild einer Kreislinie unter einer holomorphen Abbildung parametrisierbar sind.*

Beweis: Als offene Menge ist U die Vereinigung von (abzählbar vielen) offenen Zusammenhangskomponenten. Aufgrund der Kompaktheit kann aber K nur endlich viele dieser Komponenten treffen. Es reicht nun offenbar, den Hilfssatz zu beweisen für eine beliebige solche Komponente an Stelle U und dem Schnitt von K mit ihr an Stelle K. Die formale Summe der so erhaltenen (endlich vielen) Zykel gibt dann die Behauptung. Wir dürfen also ein *Gebiet G* anstatt der offenen Menge U betrachten (denn für offene Mengen in **C** erwies sich der Wegzusammenhang und der topologische Zusammenhang als äquivalent). Ohne Verlust an Allgemeinheit darf K als (topologisch) zusammenhängend angesehen werden, ansonsten läßt sich das - da G wegzusammenhängend ist - durch passende

Vergrößerung von K erhalten. Außerdem braucht der Fall $G = \mathbf{C}$ nicht betrachtet zu werden.

1. Wir zeigen zuerst, daß ein in G enthaltenes Gebiet $\tilde{G}$ existiert, dessen Komplement aus nur endlich vielen Komponenten besteht und das K umfaßt.
Da K eine kompakte Teilmenge von G ist, gilt

$$2\varepsilon := dist(K, \partial G) > 0$$

Nun sei $K_\varepsilon := \{z \in \mathbf{C} : \exists w \in K \text{ mit } |z - w| < \varepsilon\}$. Dann ist, wegen des (topologischen) Zusammenhangs von K, auch K_ε (topologisch) zusammenhängend und stellt somit ein Gebiet dar, das K enthält.
Das Komplement $\mathbf{C} \setminus K_\varepsilon$ besitze die (topologischen) Zusammenhangskomponenten C_j für $j \in J$ (es dürfen überabzählbar viele sein). Da nach Konstruktion K_ε eine beschränkte Menge ist, können nur *endlich viele* der C_j eine offene Kreisscheibe vom Radius ε enthalten, denn sie sind paarweise disjunkt. Dieses sei der Fall genau für $j \in J_1 \subset J$. Nun wählen wir ein $j \in J_2 := J \setminus J_1$ und betrachten einen beliebigen Punkt $z_0 \in C_j$. Da diese Komponente insbesondere die Kreisscheibe $|z - z_0| < \varepsilon$ *nicht* enthält, existiert ein Punkt $z_1 \in \partial C_j \subset \partial K_\varepsilon$ mit $|z_1 - z_0| < \varepsilon$. Nach Konstruktion von K_ε existiert aber zu jedem Randpunkt, also auch zu z_1, ein $w_0 \in K$ mit $|w_0 - z_1| = \varepsilon$. Damit folgt die Abschätzung

$$|w_0 - z_0| \le |w_0 - z_1| + |z_1 - z_0| < 2\varepsilon$$

Nach Definition von ε folgt dann $z_0 \in G$ und, da $z_0 \in C_j$ $(j \in J_2)$ beliebig gewählt war, ergibt sich

$$\bigcup_{j \in J_2} C_j \subset G$$

Nun setzen wir $\tilde{G} = K_\varepsilon \cup \bigcup_{j \in J_2} C_j$. Dann ist $\tilde{G}$ ein Teilgebiet von G, das K enthält, und *dessen Komplement nur endlich viele Komponenten besitzt*.
Es reicht offenbar, die Behauptung des Hilfssatzes für $\tilde{G}$ an Stelle von G zu beweisen. Wir dürfen somit gleich annehmen, daß $\mathbf{C} \setminus G$ nur aus endlich vielen Komponenten $C_1, \cdots, C_n$ besteht.

2. Es sei C_1 die unbeschränkte Komponente. Für $j = 2, \cdots, n$ wählen wir einen Punkt $\zeta_j \in C_j$ und definieren die Möbiustransformation $\varphi_j(z) = \frac{1}{z - \zeta_j}$, sowie $\varphi_1(z) = z$.
Für die Gebiete $\varphi_j(G) =: G_j$ $(j = 1, \cdots, n)$ gilt dann:

- Das Komplement $\mathbf{C} \setminus G_j$ ist Vereinigung der Komponenten $C_{jk} := \varphi_j(C_k)$.

- Die unbeschränkte Komponente von $\mathbf{C} \setminus G_j$ ist C_{jj}.

- Das Bild $K_j := \varphi_j(K)$ liegt kompakt in G_j.

Für festes j sei nun
$$\Omega_j := G_j \cup \bigcup_{\substack{k=1 \\ k \neq j}}^{n} C_{jk} (= \mathbf{C} \setminus C_{jj})$$

Nach Konstruktion ist Ω_j topologisch einfach zusammenhängend, und damit nach Satz 12.1 auch homolog einfach zusammenhängend. Nach dem Riemannschen Abbildungssatz finden wir eine konforme Abbildung ψ_j der Einheitskreisscheibe $\mathbf{D}$ auf Ω_j. Für $j \neq 1$ gilt stets $0 = \varphi_j(\infty) \in C_{j1} \subset \Omega_j$, so daß noch $\psi_j(0) = 0$ gefordert werden kann und soll.

Die Menge $\mathcal{K}_j := \psi_j^{-1}(K_j)$ liegt kompakt in $\mathbf{D}$ und ebenso die Mengen $\mathcal{C}_{jk} := \psi_j^{-1}(C_{jk})$ $(k \neq j)$. Letzteres ist eine Konsequenz der Konformität von ψ_j, der Abgeschlossenheit der C_{jk} und der leicht einsehbaren Tatsache, daß die Vereinigung zweier topologisch zusammenhängender Mengen sicher dann wieder topologisch zusammenhängend ist, wenn diese beiden Mengen nichtleeren Schnitt besitzen. Würde nämlich eine der Mengen $\mathcal{K}_j$ oder $\mathcal{C}_{jk}$ in $\mathbf{D}$ nicht kompakt liegen, so müßte K_j bzw. C_{jk} einen Randpunkt mit der unbeschränkten Komponente C_{jj} gemeinsam haben. Dieser Randpunkt liegt wegen der Abgeschlossenheit in beiden Mengen und damit wäre deren Vereinigung zusammenhängend, was der Komponenteneigenschaft widerspricht.

3. Wir finden also zu jedem $j = 1, \cdots, n$ ein $0 < r < 1$ so, daß der Kreis $\kappa_j(t) := re^{2\pi i t}$ ($t \in [0,1]$) sowohl $\mathcal{K}_j$ als auch $\bigcup_{\substack{k=1 \\ k \neq j}}^{n} \mathcal{C}_{jk}$ einfach umläuft. Dieselbe Anwendung des Residuensatzes wie im Beweis von Satz 12.2 zeigt für $\sigma_j := \psi_j \circ \kappa_j$ und $|z| \neq r$
$$n(z, \kappa_j) = n(\psi(z), \sigma_j)$$

Explizit haben wir also für $j \neq 1$
a) $n(w, \sigma_j) = 0$ für alle $w \in C_{jj}$ (also aus der unbeschränkten Komponente von $\mathbf{C} \setminus G_j$.
b) $n(w, \sigma_j) = 1$ für alle $w \in K_j$
c) $n(w, \sigma_j) = 1$ für alle $w \in C_{jk}$ für $j \neq k$
d) $n(0, \sigma_j) = 1$.

Nun gehen wir zurück zu G, indem wir setzen $\gamma_j := \varphi_j^{-1} \circ \sigma_j$. Wegen $\varphi_j^{-1}(w) = \zeta_j + \frac{1}{w}$ erhalten wir aus Satz 12.4 mit den eben berechneten Umlaufzahlen für $j \neq 1$
1) $n(z, \gamma_j) = -1$ für alle $z \in C_j$.
2) $n(z, \gamma_j) = 0$ für alle $z \in K$.
3) $n(z, \gamma_j) = 0$ für alle $z \in C_k$ für $k \neq j$.

Außerdem gilt, da φ_1 die Identität ist
4) $n(z, \gamma_1) = 0$ für alle $z \in C_1$.
5) $n(z, \gamma_1) = 1$ für alle $z \in K$.
6) $n(z, \gamma_1) = 1$ für alle $z \in C_k$ für $k \neq 1$.

4. Mit dem Zykel $\Gamma := \sum_{j=1}^{n} \gamma_j$ gilt damit
(i) für $z \in C_1$: $n(z, \Gamma) = 0 + 0 + \cdots + 0 = 0$
(ii) für $z \in C_j$, $(j \neq 1)$: $n(z, \Gamma) = 1 + 0 + \cdots + 0 - 1 + 0 \cdots + 0 = 0$
Somit ist Γ nullhomolog in G. Schließlich haben wir für $z \in K$
(iii) $n(z, \Gamma) = 1 + 0 \cdots + 0 = 1$ ∎

Das eigentliche Anliegen dieses Kapitels ist der

Satz 14.1 (Approximationssatz von Runge) *Es sei $K \subset \mathbb{C}$ eine kompakte Menge und die Funktion f sei holomorph auf einer offenen Menge $U \supset K$. Dann existiert zu jedem $\varepsilon > 0$ eine rationale Funktion r mit $|f(z) - r(z)| < \varepsilon$ für alle $z \in K$.*

Bemerkung: Aus der behaupteten Ungleichung ergibt sich, daß Polstellen von r nur außerhalb K auftreten können.

Beweis: Es sei zu K und U ein Zykel Γ gemäß dem vorangegangenen Hilfssatz gewählt. Nach der Cauchyschen Integralformel gilt dann für alle $z \in K$

$$f(z) = \frac{1}{2\pi i} \int_\Gamma \frac{f(\zeta)}{\zeta - z} d\zeta$$

Die im Integral stehende Funktion $F(\zeta, z) := \dfrac{f(\zeta)}{\zeta - z}$ ist jedenfalls erklärt auf der kompakten Menge $T(\Gamma) \times K \subset \mathbb{C}^2$. Sie ist dort stetig, also gleichmäßig stetig. Nun sei ein $\varepsilon > 0$ gegeben und

$$\rho := \frac{2\pi\varepsilon}{L(\Gamma)}$$

gesetzt. Dann existiert ein $\delta > 0$ mit $|F(\zeta, z) - F(\xi, z)| < \rho$ für alle $z \in K$ und $\zeta, \xi \in T(\Gamma)$ mit $|\zeta - \xi| < \delta$.
Es sei $\Gamma = \sum_{j=1}^n \gamma_j$ mit geschlossenen Wegen $\gamma : [0,1] \to \mathbb{C}$ wie im Hilfssatz. Es gibt dann eine Zerlegung $0 = t_0 < t_1 < \cdots < t_m = 1$ so, daß der Träger jedes Teilstücks $\sigma_{jk} := \gamma_j|[t_{k-1}, t_k]$ $(j = 1, \cdots n, k = 1, \cdots m)$ eine Länge (und damit auch einen Durchmesser) kleiner als δ besitzt. Zu jedem Teilstück sei ein Punkt $\zeta_{jk} \in T(\sigma_{jk})$ gewählt. Wir definieren nun die rationalen Funktionen

$$r_{jk}(z) := \frac{1}{2\pi i} \frac{f(\zeta_{jk})}{\zeta_{jk} - z} \int_{\sigma_{jk}} d\zeta$$

sowie

$$r(z) = \sum_{j=1}^{n} \sum_{k=1}^{m} r_{jk}$$

und erhalten damit für alle $z \in K$ die Abschätzung

$$|f(z) - r(z)| = \left| \frac{1}{2\pi i} \sum_{j=1}^{n} \sum_{k=1}^{m} \int_{\sigma_{jk}} \frac{f(\zeta)}{\zeta - z} d\zeta - \sum_{j=1}^{n} \sum_{k=1}^{m} r_{jk} \right|$$

$$= \left| \frac{1}{2\pi i} \sum_{j=1}^{n} \sum_{k=1}^{m} \int_{\sigma_{jk}} \frac{f(\zeta)}{\zeta - z} - \frac{f(\zeta_{jk})}{\zeta_{jk} - z} d\zeta \right| < \frac{1}{2\pi} \sum_{j=1}^{n} \sum_{k=1}^{m} L(\sigma_{jk})\rho = \frac{L(\Gamma)\rho}{2\pi} = \varepsilon$$

sodaß die Behauptung gezeigt ist. ∎

Die Methode der Polverschiebung (Satz 8.8) gestattet nun noch, in bestimmtem Umfang über die Lage der Polstellen der approximierenden Funktion r zu verfügen. Man kann sich überlegen, daß eine Polstelle von r innerhalb der Komponente von $\mathbb{C} \setminus K$, in der sie liegt, frei verschoben werden kann. Es ist dann möglich, in jeder Komponente des Komplements von K einen Punkt auszuzeichnen und r so zu wählen, daß Polstellen höchstens in diesen Punkten auftreten.

Besitzt nun $\mathbb{C} \setminus K$ nur eine, die unbeschränkte, Komponente, so kann r so gewählt werden, daß nur ∞ als Polstelle vorkommt, d.h., daß r ein Polynom ist. Man kann dazu auch ganz in $\mathbb{C}$ argumentieren: Wähle eine Kreisscheibe D um 0 so groß, daß K in D enthalten ist und verschiebe die Polstellen von r mittels Satz 8.8 ins Äußere von D. Diese neue rationale Funktion besitzt eine Potenzreihenentwicklung um 0 und das gesuchte Polynom kann als Teilsumme dieser Potenzreihe gewählt werden.

Wenn wir eine Folge $\varepsilon_n \to 0$ wählen, erhalten wir eine auf K gleichmäßig gegen f konvergente Polynomfolge. Wir fassen dieses Ergebnis zusammen:

Satz 14.2 *Es sei K eine kompakte Teilmenge von $\mathbb{C}$ und $\mathbb{C} \setminus K$ sei zusammenhängend. Dann gilt: ist f holomorph auf einer offenen Menge $U \supset K$, so existiert eine Folge von Polynomen, die auf K gleichmäßig gegen f konvergieren.*

In Kapitel 10 hatten wir bereits ein Beispiel einer punktweise konvergenten Folge holomorpher Funktionen kennengelernt, deren Grenzfunktion unstetig ist. Unter Verwendung des Rungeschen Satzes ist so etwas nun ganz leicht zu bekommen. Wir betrachten dazu etwa die Einheitskreisscheibe $\mathbb{D}$ als Grundgebiet und für $n \in \mathbb{N}$ die darin enthaltenen „mondförmigen" Kompakta

$$A_n := \{z : |z| \leq 1 - \frac{1}{n} \text{ und } \Re z \leq 0\}, \text{ sowie } B_n := \{z : |z| \leq 1 - \frac{1}{n} \text{ und } \Re z \geq \frac{1}{n}\}$$

Die Funktion $f : A_n \cup B_n \to \mathbb{C}$, definiert durch $f(z) = 0$ für $z \in A_n$ und $f(z) = 1$ für $z \in B_n$ ist dann auf eine Umgebung U_n von $A_n \cup B_n$ trivialerweise holomorph (nämlich jeweils konstant) fortsetzbar, wenn U_n als die disjunkte Vereinigung je einer Umgebung von A_n bzw. B_n gewählt wird. Der vorstehende Satz liefert also eine Folge von Polynomen p_n, die auf $A = \{z \in \mathbf{D} : \Re z \leq 0\}$ (sogar kompakt) gegen 0 und auf $B = \{z \in \mathbf{D} : \Re z > 0\}$ (ebenfalls kompakt) gegen 1 konvergieren.

Diese Art der Anwendung des Rungeschen Satzes läßt sich noch erheblich ausweiten. Zum Beispiel kann der Nachweis der folgenden Aussage als Übungsaufgabe dienen: Es sei auf der kompakten Menge $K \subset \mathbf{C}$ eine stetige Funktion $g : K \to \mathbf{C}$ gegeben. Dann existiert eine Menge $N \subset K$ vom Maß 0 (d.h., M kann überdeckt werden durch abzählbar viele Rechtecke mit beliebig klein vorschreibbarer Flächensumme) und eine Folge von Funktionen f_n, die jeweils auf einer Umgebung von K holomorph sind und die auf $K \setminus M$ punktweise gegen g konvergieren. In diesem, für die Maßtheorie bedeutsamen Konvergenzsinn (punktweise Konvergenz mit Ausnahme einer Menge vom Maß 0) umfassen die möglichen Grenzfunktionen auf Kompakta von Folgen holomorpher Funktionen also sogar alle stetigen Funktionen.

Literaturverzeichnis

[1] L.V. Ahlfors: Complex Analysis. McGraw-Hill New York, 3. Auflage 1979

[2] H. Behnke und F. Sommer: Theorie der analytischen Funktionen einer komplexen Veränderlichen. Grundlehren, Springer 3. Auflage 1976

[3] C. Caratheodory: Funktionentheorie (2 Bände). Birkhäuser 1950

[4] W. Fischer und I. Lieb: Funktionentheorie. Vieweg & Sohn 1980

[5] J. Cigler und H.-C. Reichel: Topologie. BI Band 121. Bibliographisches Institut 1987.

[6] H. Heuser: Lehrbuch der Analysis (2 Bände). Teubner 1986

[7] A. Hurwitz und R. Courant: Allgemeine Funktionentheorie und elliptische Funktionen. Grundlehren, Springer 4. Auflage 1964

[8] R. Nevanlinna: Eindeutige analytische Funktionen. Grundlehren, Springer 2. Auflage 1953

[9] E. Peschl: Funktionentheorie I. BI-Hochschultaschenbuch 131/131a. Bibliographisches Institut 1967.

[10] R. Remmert: Funktionentheorie (2 Bände). Grundwissen Math. Springer 1984/91

[11] W. Rudin: Real and complex analysis. McGraw-Hill New York, 2. Auflage 1974

Index

Abbildung, biholomorphe, 56
Abbildung, konforme, 78, 107
Abbildungssatz, Riemannscher, 109
abgeschlossen, 18
abgeschlossen in, 5
Ableitungsregeln, 21
Abschätzungsformeln von Cauchy, 50
absolute Konvergenz, 27
Abstand (von Mengen), 37
Addition von Wegen, 12
Approximationssatz von Runge, 114
Argument, 18
Argumentprinzip, 70
Ausschöpfung, 92

Betrag, 18
biholomorph, 56
Blatt, 80

Cantorscher Durchnittsatz, 41
Cauchy's Integralformel, 59
Cauchy's Integralsatz , 59
Cauchy- Riemannsche Differentialgleichungen, 23
Cauchy-Produkt, 29
Cauchykriterium, 27
Cauchysche Abschätzungsformeln, 50
Cauchysche Integralformel für konvexe Gebiete, 44
Cauchysche Integralformeln für konvexe Gebiete, 46
Cauchyscher Integralsatz, konvexe Gebiete, 43
chordale Metrik, 26
cos, 29

D, 34

Δ, 24
Differentialgleichungen, Cauchy-Riemann 23
differenzierbar, reell total, 22
differenzierbar,komplex, 21
dist, 37

Ebene, geschlitzte, 79
einfach zusammenhängend, homolog, 61
einfach zusammenhängend, homotop, 61
einfacher Zusammenhang, topologischer, 103
Einheitskreis, 34
Einpunktkompaktifizierung, 18
Entwicklungspunkt, 27
Eulersche Gleichung, 29

Familie, 88
Familie, normale, 90
Fläche, Riemannsche, 81
formale Summe, 57
Fundamentalsatz der Algebra, 51
Funktion, harmonische, 24
Funktion, rationale, 66
Funktion, schlichte, 83
Funktion, transzendente, 53
Funktion,konjugierte harmonische , 24
Funktionenfolge, 27
Funktionenreihe, 27

Gebiet, 8
Gebiet, konvexes, 43
Gebietstreue, 72
geschlossen (Weg), 12
gleichmäßig beschränkt, 88

INDEX

gleichmäßig konvergent, 27
harmonisch, 24
Hauptteil, 65
Hauptzweig, 79
hebbare Singularität, 66
holomorph, 24
homolog, 58
homolog einfach zusammenhängend, 61
homotop, 61
homotop einfach zusammenhängend, 61
Homotopie, 61

i, 17
Identiätssatz, 50
Imaginärteil, 18
Integrabilitätsbedingung, 24
Integral, uneigentliches, 68

Jacobimatrix, 22

Koebe-Funktion, 34
Koeffizienten, 27
kompakt, 18
kompakte Konvergenz, 85
komplex differenzierbar, 21
Komponente, 38
konform, 78
konjugiert harmonisch, 24
Konvergenz, 27
Konvergenz, absolute, 27
Konvergenz, gleichmäßige, 27
Konvergenz, kompakte, 85
Konvergenz, lokal gleichmäßige, 85
Konvergenz, punktweise, 85, 115
konvergenzerzeugende Summanden, 95
Konvergenzkreises, 28
Konvergenzradius, 28
konvex, 43
Kraftfeld, 11
Kurvenintegral (reell), 11
Kurvenintegral, komplexes, 35

Länge (Weg), 9

Laplace- Operator, 24
Laurentreihe, 65
Lemma von Schwarz, 54
Lemma von Schwarz-Pick, 56
ln, 78
log, 79
Logarithmus, komplexer, 79
Logarithmus, reeller, 78
Logarithmusfläche, 81
lokal konform, 31
lokale Umkehrbarkeit, 78

Möbiustransformation, 19
Maximumprinzip, 52
meromorph, 25
Metrik, chordale, 26
Minimumprinzip, 53

normale Familie, 90
nullhomolog, 58
nullhomotop, 61

offen, 18
offen in, 5

Partialbruchentwicklung, 99
Pol, 66
Polstelle, 25
Polverschiebung, 74, 115
Potenz, 81
Potenzreihe, 27
Produktsatz von Weierstraß, 97

rationale Funktion, 66
Realteil, 18
rektifizierbar, 9
Residuensatz, 67
Residuum, 67
Riemann-Integral, 9
Riemannsche Fläche, 81
Riemannsche Zahlenkugel, 19
Riemannscher Abbildungssatz, 109
Riemannscher Hebbarkeitssatz, 69

Satz über Isoliertheit der Nullstellen, 49

Satz über lokale Umkehrbarkeit, 78
Satz von Arzela-Ascoli , 88
Satz von Bolzano-Weierstraß, 91
Satz von Bolzano-Weierstraß , 88
Satz von Casorati-Weierstraß, 53
Satz von der Gebietstreue, 72
Satz von Goursat, 39
Satz von Hurwitz, 87
Satz von Liouville, 51
Satz von Mittag-Leffler, 95
Satz von Montel, 88
Satz von Montel, allgemeiner, 93
Satz von Morera, 45
Satz von Rouché, 71
Satz von Runge, 114
Satz von Schwarz, 24
Satz von Vitali, 91
Satz von Vitali, allgemeiner, 92
Satz von Weierstraß, 86
schlicht, 83
Schwarzsches Lemma, 54
sin, 29
Singularität, 66
Singularität, hebbare, 66
Singularität, wesentliche, 66
Stammfunktion, 13, 24
Strahlensatz, 40
Summanden, konvergenzerzeugende, 95
Summe, formale, 57

topologisch einfach zusammenhängend, 103
topologisch zusammenhängend, 6
Träger, 9, 35
transzendent, 53

Umlaufzahl, 37
∞, 18
Unendlich, 18

Weg, 5, 31
Weg, geschlossener, 12
wegunabhängig integrierbar, 12
Wegunabhängigkeit, 24

wegzusammenhängend, 5
Weierstraßscher Produktsatz, 97
wesentliche Singularität, 66
Windungszahl, 37
Winkel, 31
winkeltreu, 31
Wurzelfläche, 82

Zahlen, komplexe, 17
Zahlen, reelle, 17
Zahlenfolge, komplexe, 27
Zahlenkugel, 19
Zahlenreihe, komplexe, 27
zusammenhängend, 8
zusammenhängend, 38
Zusammenhang, 8, 38
Zusammenhang, homolog einfacher, 61
Zusammenhang, homotop einfacher, 61
Zusammenhang, topologisch einfacher, 103
Zusammenhang, topologischer, 6
Zusammenhangskomponente, 38
Zykel, 57

Teubner Studienbücher

Mathematik

Afflerbach: **Statistik-Praktikum mit dem PC.** DM 24,80

Ahlswede/Wegener: **Suchprobleme.** DM 37,–

Aigner **Graphentheorie.** DM 34,–

Ansorge: **Differenzenapproximationen partieller Anfangswertaufgaben.** DM 32,– (LAMM)

Behnen/Neuhaus. **Grundkurs Stochastik.** 2. Aufl. DM 39,80

Bohl: **Finite Modelle gewöhnlicher Randwertaufgaben.** DM 36,– (LAMM)

Böhmer: **Spline-Funktionen.** DM 32,–

Bröcker: **Analysis in mehreren Variablen.** DM 38,–

Bunse/Bunse-Gerstner **Numerische Lineare Algebra.** DM 38,–

v. Collani: **Optimale Wareneingangskontrolle.** DM 29,80

Collatz **Differentialgleichungen.** 7. Aufl. DM 38,– (LAMM)

Collatz/Krabs. **Approximaitionstheorie.** DM 29,80

Constantinescu: **Distributionen und ihre Anwendungen in der Physik.** DM 23,80

Dinges/Rost **Prinzipien der Stochastik.** DM 38,–

Dufner/Jensen/Schumacher: **Statistik mit SAS.** DM 42,–

Fischer/Kaul. **Mathematik für Physiker.**
Band 1: Grundkurs. 2. Aufl. DM 48,–

Fischer/Sacher: **Einführung in die Algebra.** 3. Aufl. DM 28,80

Floret: **Maß- und Integrationstheorie.** DM 39,80

Großmann/Roos **Numerik partieller Differentialgleichungen.** DM 48,–

Hackbusch. **Integralgleichungen.** Theorie und Numerik. DM 38,– (LAMM)

Hackbusch. **Iterative Lösung großer schwachbesetzter Gleichungssysteme.** DM 42,– (LAMM)

Hackbusch: **Theorie und Numerik elliptischer Differentialgleichungen.** DM 38,–

Hackenbroch: **Integrationstheorie.** DM 23,80

Hainzl **Mathematik für Naturwissenschaftler.** 4. Aufl. DM 39,80 (LAMM)

Hässig. **Graphentheoretische Methoden des Operations Research.** DM 26,80 (LAMM)

Hettich/Zonke: **Numerische Methoden der Approximation und semi-intiniten Optimierung.** DM 29,80

Hilbert: **Grundlagen der Geometrie.** 13. Aufl. DM 32,–

Ihringer: **Allgemeine Algebra.** DM 24,80

Jeggle. **Nichtlineare Funktionalanalysis.** DM 32,–

Kall. **Analysis für Ökonomen.** DM 29,80 (LAMM)

B. G. Teubner Stuttgart

Teubner Studienbücher

Mathematik

Kall **Lineare Algebra für Ökonomen.** DM 28,80 (LAMM)

Kall **Mathematische Methoden des Operations Research.** DM 28,80 (LAMM)

Kohlas **Stochastische Methoden des Operations Research.** DM 26,80 (LAMM)

Kohlas **Zuverlässigkeit und Verfügbarkeit.** DM 38,– (LAMM)

Kosmol **Methoden zur numerischen Behandlung nichtlinearer Gleichungen und Optimierungsaufgaben.** 2. Aufl. DM 32,–

Krabs **Optimierung und Approximation.** DM 29,80

Lehn/Wegmann **Einführung in die Statistik.** 2. Aufl. DM 27,80

Lehn/Wegmann/Rottig **Aufgabensammlung zur Einführung in die Statistik.** DM 26,80

Louis **Inverse und schlecht gestellte Probleme.** DM 28,80

Metzler **Dynamische Systeme in der Ökologie.** DM 28,80

Muller **Darstellungstheorie von endlichen Gruppen.** DM 28,80

Rauhut/Schmitz/Zachow **Spieltheorie.** DM 38,– (LAMM)

Schmieder **Grundkurs Funktionentheorie.** DM 23,80

Schwarz **FORTRAN-Programme zur Methode der finiten Elemente.** 3. Aufl. DM 27,80

Schwarz **Methode der finiten Elemente.** 3. Aufl. DM 46,– (LAMM)

Spaniol **Arithmetik in Rechenanlagen.** DM 28,80 (LAMM)

Stiefel/Fassler **Gruppentheoretische Methoden und ihre Anwendung.** DM 34,– (LAMM)

Stummel/Hainer **Praktische Mathematik.** 2. Aufl. DM 39,80

Topsac **Informationstheorie.** DM 19,80

Uhlmann **Statistische Qualitätskontrolle.** 2. Aufl. DM 39,– (LAMM)

Velte **Direkte Methoden der Variationsrechnung.** DM 28,80 (LAMM)

Vogt **Grundkurs Mathematik für Biologen.** DM 24,80

Walter **Biomathematik für Medizin.** 3. Aufl. DM 28,80

Witting **Mathematische Statistik.** 3. Aufl. DM 29,80 (LAMM)

Wolfsdorf **Versicherungsmathematik.**
Teil 1 Personenversicherung DM 45,–
Teil 2 Theoretische Grundlagen, Risikotheorie, Sachversicherung DM 39,80

Preisanderungen vorbehalten

B. G. Teubner Stuttgart

MIX
Papier aus verantwortungsvollen Quellen
Paper from responsible sources
FSC® C105338

If you have any concerns about our products,
you can contact us on
ProductSafety@springernature.com

In case Publisher is established outside the EU,
the EU authorized representative is:
**Springer Nature Customer Service Center GmbH
Europaplatz 3, 69115 Heidelberg, Germany**

Printed by Libri Plureos GmbH
in Hamburg, Germany